ARITHMÉTIQUE DES ENFANTS

ou

PREMIER COURS DE CALCUL

A L'USAGE DES ÉCOLES ÉLÉMENTAIRES

comprenant

LA NUMÉRATION, LES OPÉRATIONS
SUR LES NOMBRES ENTIERS ET LES NOMBRES DÉCIMAUX
ET LE SYSTÈME MÉTRIQUE

AVEC

des Exercices oraux et 900 Problèmes
distribués dans l'ordre des règles et gradués avec soin

ET SUIVI D'UN QUESTIONNAIRE

OUVRAGE EXTRAIT DE L'ARITHMÉTIQUE ÉLÉMENTAIRE

Adoptée par les Conseils académiques de Caen et de Rennes

AVEC APPROBATION DE M. LE MINISTRE DE L'INSTRUCTION PUBLIQUE

PAR PLUSIEURS INSTITUTEURS

———

Nouvelle édition revue et augmentée

———

LIVRE DE L'ÉLÈVE

———

PRIX CARTONNÉ : 60 CENTIMES

———

PARIS	CAEN
CH. DELAGRAVE	G. COLAS, LIBRAIRE
15, RUE SOUFFLOT	16, RUE SAINT-JEAN

AUX MÊMES LIBRAIRIES

LECTURE

Premier Alphabet ou Syllabaire des commençants, par plusieurs Insti-
tuteurs, 1 vol. in-18... » 10
Second Alphabet, suite du précédent, par les mêmes. In-18, cart.... » 30
Tableaux de Lecture, par les mêmes (20 sur demi-raisin)........ 1 50
Alphabet illustré, par les mêmes. In-18 .... » 30

ÉCRITURE

Neuf feuilles de 8 Modèles. Prix de chaque feuille................. » 10

ORTHOGRAPHE ET GRAMMAIRE

Premiers Exercices d'orthographe et de grammaire, par plusieurs
Instituteurs. In-12
Petit Recueil de mots usuels, par les mêmes.................... » 30
Grammaire des enfants, avec Exercices en regard du texte et Mo-
dèles d'analyse, par plusieurs Instituteurs......................... » 60
Exercices orthographiques sur la même. In-12............ 1 50
La 1re ou la 2e partie séparément.................................. » 80
Cours de dictées, renfermant le corrigé des Exercices orthographiques et
de nombreux Exercices de style. Fort in-12...................... 2 »
Recueil complet de mots usuels, faisant suite au Petit recueil de
mots, par plusieurs Instituteurs. Cart............................. » 80
Grammaire française, faisant suite à la *Grammaire des enfants*, par
plusieurs Instituteurs. In-12 de 200 pages......................... 1 10
Exercices français et Sujets de lettres, par les mêmes........ 1 25

CALCUL ET ARITHMÉTIQUE

Premiers Exercices de calcul oral et écrit, avec de nombreux
problèmes, par plusieurs Instituteurs................................ » 30
Corrigé des Exercices de calcul (réponses)................. » 40
Arithmétique des enfants, ou Cours de calcul sur les quatre règles et
le système métrique, par plusieurs Instituteurs. In-12 cart.......... » 60
Partie du maître de l'Arithmétique des enfants.................. » 80
Arithmétique élémentaire (théorique et pratique), faisant suite à
l'Arithmétique des enfants, par plusieurs Instituteurs............. 1 »
Partie du maître de l'Arithmétique élémentaire................. 1 60
Supplément à l'Arithmétique élémentaire, ou Notions théori-
ques et pratiques sur les racines, les progressions, les logarithmes et le cal-
cul des annuités par les mêmes.................................... » 30
Le *Supplément* avec les réponses.................................. 40
Tableaux d'Arithmétique pour la lecture et l'écriture des nombres. » 50
Petit Tableau des poids et mesures métriques (grandeur natu-
relle), 1 feuille coloriée.. 2
Monté sur gorge et rouleau.. 5
Grand Tableau des poids et mesures métriques...... 10 »

GÉOGRAPHIE ET HISTOIRE

Atlas-Géographie n° 1, comprenant la géographie du département (*Cours
élémentaire*), In-4, cartonné. — Calvados. — Eure. — Manche. — Orne. —
Sarthe. — Seine-Inférieure. Chacun...................................
Atlas-Géographie n° 2 (*Cours moyen*). In-4°, cartonné............ » 60
Petite Histoire sainte par demandes et réponses. In-18......... 1 30
Petite Histoire de France par demandes et réponses, avec fig..... » 50

981-95. — CORBEIL. Imprimerie ÉD. CRÉTÉ.

AVERTISSEMENT

Le présent volume, qui fait suite a nos *Premiers Exercices de calcul oral et écrit* (1), n'est que la première partie de notre *Arithmétique élémentaire*. Il est destiné aux enfants de huit à dix ans, pour lesquels un abrégé suffit d'abord. Son prix modique le mettant d'ailleurs à la portée de tous, nous espérons que nos confrères, qui ont si bien accueilli le volume principal, seront également favorables à celui-ci. Nous continuons, du reste, à solliciter leur précieux concours, et nous exprimons, en terminant, notre vive reconnaissance à ceux qui ont voulu contribuer, de quelque manière que ce soit, à l'amélioration de l'ouvrage.

N. B. La partie du maître de *l'Arithmétique élémentaire* sert aussi pour cet abrégé, les nᵒˢ des exercices du présent volume correspondant exactement à ceux de l'ouvrage principal.

Toutefois il existe aussi une partie du maître spéciale à *l'Arithmétique des enfants*, au prix de 0 fr. 80.

---

(1) Qu'il ne faut pas confondre avec les *Premiers Exercices de calcul*, publiés après nous par M. Tostain, sous un titre presque semblable au nôtre.

CHIFFRES ROMAINS.

I	V	X	L	C	D	M
1	5	10	50	100	500	1000

I	1	XXI	21	LXXX		80
II	2	XXII	22	LXXXVI		86
III	3	XXIII	23	XC		90
IV	4	XXIV	24	XCVII		97
V	5	XXV	25	XCIX		99
VI	6	XXVI	26	C		100
VII	7	XXVII	27	CIC		199
VIII	8	XXVIII	28	CC		200
IX	9	XXIX	29	CCC		300
X	10	XXX	30	CD ou CCCC		400
XI	11	XXXI	31	D		500
XII	12	XXXIX	39	DC		600
XIII	13	XL	40	DCC		700
XIV	14	XLII	42	DCCC		800
XV	15	L	50	CM		900
XVI	16	LIII	53	M		1000
XVII	17	LX	60	MD		1500
XVIII	18	LXIV	64	MDCCLXXXIX		1789
XIX	19	LXX	70	MDCCCXXX		1830
XX	20	LXXV	75	MDCCCLVI		1856

L'écriture des nombres en chiffres romains repose sur ces trois principes :

1° Un chiffre placé à droite d'un autre qui lui est égal ou qui est plus fort, s'ajoute avec lui ;

2° Un chiffre placé à gauche d'un autre qui est plus fort, doit en être retranché ;

3° Un chiffre placé entre deux autres de plus grande valeur, doit être retranché de celui qui le suit, et le reste être ajouté à celui qui précède.

Nombres à lire ou à écrire.

VII	CI	4	109
XI	IC	6	111
IX	CIC	14	150
XV	CCXL	21	215
XIX	CDIV	76	695
XXIX	DCIV	84	1500
XL	MCXV	97	1789
LX	MDCCC	49	1793
LXIX	CMXLIX	36	1840
XC	MDCCCLVII	88	1848

ARITHMÉTIQUE

DES ENFANTS

1. — On appelle *grandeur* ou *quantité* tout ce qui peut être augmenté ou diminué. La longueur d'un mur, la surface d'un champ, etc., sont des grandeurs.

2. — L'*unité* est l'objet dont on se sert pour mesurer une grandeur.

3. — Il y a six unités principales (*) :

1° Le *mètre*, pour la mesure des longueurs (p. 57);
2° L'*are*, pour la mesure des champs (p. 58);
3° Le *stère*, pour la mesure du bois (p. 63);
4° Le *litre*, pour la mesure des liquides et des grains;
5° Le *gramme*, pour les poids (p. 70) ;   (p. 69);
6° Le *franc*, pour les monnaies (p. 73).

4. — Un *nombre* est ce qui indique combien une grandeur contient de fois l'unité. Quand on dit *cinq* mètres, *dix* francs, *cinq* et *dix* sont des nombres.

5. — Un nombre *entier* est un nombre composé d'unités entières, comme *cinq* mètres, *deux* heures.

6. — Une *fraction* est un nombre plus petit que l'unité, comme *un demi*-mètre, *un quart* d'heure.

7. — L'*arithmétique* est la science des nombres.

8. — Le *calcul* est l'art d'augmenter et de diminuer les nombres au moyen de diverses opérations.

9. — Le calcul se borne à la pratique des opérations, l'arithmétique y joint la théorie ou explication des procédés.

NUMÉRATION (**).

10. — La *numération* apprend à lire et à écrire tous les nombres.

11. Les neuf premiers nombres sont :

un, deux, trois, quatre, cinq, six, sept, huit, neuf.
Ils s'écrivent 1,   2,   3,   4,   5, 6,   7,   8,   9.

On les nomme *unités simples*.

(*) Il est très utile de familiariser de bonne heure les enfants avec la connaissance de ces unités ; pour cela, on les leur montre et on leur en fait distinguer la forme et remarquer la grandeur. (*V. notre Tableau de poids et mesures.*)
(**) La théorie de la numération se trouve au *Supplément.*

12. — Après *neuf* vient le nombre *dix* ou une *dizaine*.

13. — Une dizaine vaut *dix* unités, deux dizaines font *vingt*, trois dizaines font *trente*, quatre dizaines font *quarante*, cinq dizaines font *cinquante*, six dizaines font *soixante*, sept dizaines font *soixante-dix*, huit dizaines font *quatre-vingts*, neuf dizaines font *quatre-vingt-dix*, et dix dizaines font *cent*.

14. — Depuis *dix* jusqu'à *cent*, les nombres se composant de *dizaines* et d'*unités*, on les écrit avec *deux* chiffres : un pour les dizaines, l'autre pour les unités. Le chiffre des dizaines est à gauche du chiffre des unités. — Ainsi :

dix s'écrit	**10**	quarante	**40**	**soixante-dix**	**70**		
onze	11	quarante-un	41	soixante-onze	71		
douze	12	quarante-deux	42	soixante-douze	72		
treize	13	quarante-trois	43	soixante-treize	73		
quatorze	14	quarante-quatre	44	soixante-quatorze	74		
quinze	15	quarante-cinq	45	soixante-quinze	75		
seize	16	quarante-six	46	soixante-seize	76		
dix-sept	17	quarante-sept	47	soixante-dix-sept	77		
dix-huit	18	quarante-huit	48	soixante-dix-huit	78		
dix-neuf	19	quarante-neuf	49	soixante-dix-neuf	79		
vingt	**20**	**cinquante**	**50**	**quatre-vingts**	**80**		
vingt-un	21	cinquante-un	51	quatre-vingt-un	81		
vingt-deux	22	cinquante-deux	52	quatre-vingt-deux	82		
vingt-trois	23	cinquante-trois	53	quatre-vingt-trois	83		
vingt-quatre	24	cinquante-quatre	54	quatre-vingt-quatre	84		
vingt-cinq	25	cinquante-cinq	55	quatre-vingt-cinq	85		
vingt-six	26	cinquante-six	56	quatre-vingt-six	86		
vingt-sept	27	cinquante-sept	57	quatre-vingt-sept	87		
vingt-huit	28	cinquante-huit	58	quatre-vingt-huit	88		
vingt-neuf	29	cinquante-neuf	59	quatre-vingt-neuf	89		
trente	**30**	**soixante**	**60**	**quatre-vingt-dix**	**90**		
trente-un	31	soixante-un	61	quatre-vingt-onze	91		
trente-deux	32	soixante-deux	62	quatre-vingt-douze	92		
trente-trois	33	soixante-trois	63	quatre-vingt-treize	93		
trente-quatre	34	soixante-quatre	64	quatre-vingt-quatorze	94		
trente-cinq	35	soixante-cinq	65	quatre-vingt-quinze	95		
trente-six	36	soixante-six	66	quatre-vingt-seize	96		
trente-sept	37	soixante-sept	67	quatre-vingt-dix-sept	97		
trente-huit	38	soixante-huit	68	quatre-vingt-dix-huit	98		
trente-neuf	39	soixante-neuf	69	quatre-vingt-dix-neuf	99		

15. — On voit que dans les nombres 10, 20, 30, 40, etc., le *zéro* (0) sert à conserver aux chiffres 1, 2, 3, etc., le rang de dizaines.

[Le maître pourra se servir de ce tableau pour apprendre aux enfants à compter jusqu'à cent. Les commençants devront écrire chaque jour, soit sur l'ardoise, soit sur le tableau noir, une partie des nombres ci-dessus, par exemple de 10 à 50, de 50 à 100; on les exercera ensuite à compter de 2 en 2, de 3 en 3, de 4 en 4, etc., sur le boulier compteur.] — V. nos *Tableaux d'arithmétique*.

16. — Après 99 vient le nombre *cent* ou une *centaine*.

17. — Une centaine vaut *cent* unités, deux centaines font *deux cents*, trois centaines font *trois cents*, quatre centaines font *quatre cents*, cinq centaines font *cinq cents*......, dix centaines font *mille*.

18. Depuis cent jusqu'à *mille*, les nombres se composant de *centaines*, de *dizaines* et d'*unités*, on les écrit avec trois chiffres : un pour les *centaines*, un pour les *dizaines*, un pour les *unités*.

(Les centaines se mettent à gauche des dizaines.)

EXERCICES.

[Le maître, après avoir fait compter de 100 à 1000, fera lire les nombres suivants, en y ajoutant, au besoin, le nom d'une unité connue et faisant observer que le 1er chiffre à gauche est celui des *centaines* ou des *cents*; il dictera ensuite ces mêmes nombres aux élèves qui les écriront sur l'ardoise ou sur le tableau noir, d'abord par colonnes et ensuite par lignes.]

100	200	300	400	500	600	700	800	900
101	202	301	404	506	603	705	809	908
102	207	305	406	508	604	706	817	909
103	209	307	409	510	606	710	819	911
105	210	312	410	515	610	713	820	912
109	215	317	414	519	611	714	822	913
110	216	322	416	520	614	715	825	915
111	218	333	419	522	615	716	830	916
112	225	340	420	531	618	722	838	917
114	240	350	430	554	620	725	841	919
119	250	355	436	565	640	747	872	937
120	265	361	440	569	648	748	873	939
130	270	363	450	571	652	750	875	942
145	271	368	456	573	661	760	878	950
160	276	370	460	578	666	766	879	959
161	277	372	463	580	670	777	881	960
164	280	374	468	582	676	780	885	965
169	283	375	470	585	677	782	887	969
170	287	377	473	587	679	787	888	970
171	290	379	475	589	682	790	890	973
179	291	380	480	591	683	792	892	975
180	293	384	486	593	685	793	894	979
184	294	390	489	595	689	795	895	980
190	296	393	492	596	695	796	896	990
197	298	395	497	598	696	797	897	991
198	299	397	499	599	697	799	898	999

19. — On voit que dans les nombres 100, 200, 300, etc., les *zéros* servent à conserver aux chiffres 1, 2, 3, etc., le rang de *centaines*.

20. — Après 999 vient le nombre *mille*, qui s'écrit ainsi : 1 000
21. — Mille fois mille font *un million*   1 000 000
Mille millions font *un billion* ou *un milliard*   1 000 000 000
Mille billions font *un trillion*   1 000 000 000 000

Pour lire et écrire les nombres entiers plus grands que *mille*, on a recours aux règles suivantes :

22. — *Pour lire un nombre entier, on le partage d'abord en* TRANCHES *de trois chiffres chacune, à partir de la droite : la tranche à gauche peut bien n'avoir qu'un ou deux chiffres.*

On dit ensuite, à partir de la droite : tranche des *unités*, tranche des *mille*, des *millions*, des *billions*, etc.

Puis, commençant par la gauche, on lit chaque tranche comme si elle était seule, et on lui donne le nom qui lui convient.

23. — *Pour écrire en chiffres un nombre entier, on écrit, en allant de gauche à droite, les différentes* TRANCHES *qui composent ce nombre, en commençant par les plus élevées et en ayant soin de remplacer par des* ZÉROS *les tranches ou les ordres d'unités (*) qui manquent.*

Quand le nombre est grand, on le lit pour vérifier si on l'a bien écrit.

Nombres à lire et à écrire,
en y ajoutant le nom d'une unité connue.

[Le maître fera d'abord *lire* les nombres suivants (par *colonnes* et par *lignes*) ; il pourra ensuite les dicter et les faire écrire sur l'ardoise ou le tableau noir, en faisant *remarquer que la première tranche qu'on écrit peut bien n'avoir qu'un ou deux chiffres, mais que toutes les autres doivent nécessairement en avoir* TROIS, *et que pour cela on emploie des zéros quand il est nécessaire.*]

1 000	3 000	10 000	50 000	100 000	500 000
1 866	4 414	15 317	58 417	117 560	586 500
3 978	6 875	16 819	51 515	179 445	615 497
4 787	9 456	18 767	71 419	234 300	717 725
6 693	7 237	30 175	75 572	372 617	770 347
9 999	2 222	46 186	90 918	457 317	999 996
2 003	4 025	11 205	60 045	102 097	504 001
3 104	6 450	17 609	70 001	200 009	550 403
1 309	7 008	25 078	71 090	308 507	560 098
7 400	3 027	40 005	76 080	460 030	604 200
8 005	5 000	45 073	82 304	478 078	709 709
9 068	6 900	47 057	99 099	480 000	900 000
9 405	7 095	49 204	99 999	499 100	999 999

(*) Chaque *tranche* se compose de 3 ordres : *unités, dizaines, centaines.*
Les différents ordres d'unités sont donc :
Unités simples, dizaines, centaines ; unités de *mille*, dizaines de mille, centaines de mille ; unités de *millions*, dizaines de millions, centaines de millions ; unités de *billions*, dizaines de billions, centaines de billions ; *trillions*, etc.

1 415 260	17 408 519	134 017 245	548 360 430
3 417 574	45 386 513	177 472 518	671 908 347
7 409 518	79 437 316	375 208 500	248 572 518
9 512 493	93 535 470	496 411 543	999 999 999

1 000 000	40 000 000	100 000 000	500 000 000
2 310 000	73 304 003	126 004 000	512 000 004
6 004 009	90 070 070	200 000 000	805 002 000
8 000 075	97 040 010	480 080 060	900 000 000

1 430 316 480	14 776 450 817	176 950 482 002
5 418 374 985	50 470 582 612	586 470 517 013
7 435 768 476	87 438 575 719	679 593 471 547
9 880 760 507	99 908 707 438	999 999 999 999

1 000 000 000	50 000 000 000	160 000 000 000
4 000 205 004	75 056 004 001	293 072 011 009
8 002 009 000	97 000 000 002	591 014 000 000
9 700 000 075	99 000 020 000	900 000 000 000

1 365 906 896 909	480 430 504 119 793
5 549 716 690 459	748 612 519 760 493
7 565 409 113 548	999 999 999 999 999

1 000 000 000 000	70 906 005 003 001
87 060 508 780 600	478 400 000 000 200
79 400 020 002 000	999 999 007 091 900

On a pu voir, par ce qui précède, que dix unités font une dizaine, dix dizaines font une centaine ; donc

24. — *Dix unités d'un ordre quelconque font une unité de l'ordre immédiatement supérieur*, et réciproquement. C'est ce qu'on appelle le *principe de la numération parlée.*

On a vu aussi que le chiffre des dizaines se met à gauche des unités, le chiffre des centaines à gauche des dizaines, etc. ; donc

25. — *Tout chiffre placé à gauche d'un autre représente des unités dix fois plus grandes que cet autre chiffre*, et réciproquement. C'est ce qu'on appelle le *principe de la numération écrite.*

26. — *Avec 9 chiffres seulement et le 0, on peut représenter tous les nombres*, car on n'a jamais à écrire plus de 9 unités, 9 dizaines, 9 centaines, etc. ; et ces unités, ces dizaines, ces centaines ont chacune leur place déterminée, facile à reconnaître : le 1er chiffre à droite représente les *unités simples* ; le 2e, les *dizaines* ; le 3e, les *centaines* ; le 4e, les *mille*, etc. — On peut donc dire :

Les chiffres représentent des unités de 10 en 10 fois plus grandes en allant vers la gauche, et de 10 en 10 fois plus petites en allant vers la droite.

Nombres à écrire en chiffres.

1. — Cent vingt-neuf *francs* (*),
Deux cent trente-huit *francs*,
Quatre-vingt-dix-sept *francs*,
Cent soixante-seize *francs*,
Huit cent vingt-neuf *francs*,

2. — Neuf cents *mètres*,
Six cent quatre-vingt-dix-sept *mètres*,
Soixante-dix-neuf *mètres*,
Trois cent huit *mètres*,
Quatre-vingt-quinze *mètres*,

3. — Deux *mille* cent quarante *litres*,
Quatre *mille* cent soixante-douze *litres*,
Six *mille* neuf cent quarante-un *litres*,
Mille huit cent quatre-vingt-quinze *litres*,
Neuf *mille* neuf cent quatre-vingt-dix-neuf *litres*,

4. — Dix *mille* trois cent vingt *soldats*,
Quinze *mille* cent quatre-vingt-dix-sept *soldats*,
Vingt-neuf *mille* quatre-vingt-dix-neuf *soldats*,
Soixante-dix *mille* six cent soixante-dix *soldats*,
Quatre-vingt-dix-neuf *mille* neuf cents *soldats*,

5. — Cent *mille* huit cent quarante-un *habitants*,
Cent soixante-dix *mille* six cent soixante-dix *habit.*,
Cinq *mille* quatre-vingt-dix-huit *habitants*,
Sept cent vingt *mille* trente-huit *habitants*,
Dix *mille* quatre-vingt-dix-neuf *habitants*,

6. — Onze *mille* huit cent soixante-seize *œufs*,
Quatre *mille* quatre-vingt-dix-huit *œufs*,
Cent huit *mille* deux cent quinze *œufs*,
Mille six cent soixante-onze *œufs*,
Neuf cent deux *mille* dix-sept *œufs*,

7. — Deux *mille* deux cent neuf *lettres*,
Cent un *mille* cent une *lettres*,
Dix-huit *mille* soixante-dix-neuf *lettres*,
Six cent dix-huit *mille* sept cent neuf *lettres*,
Mille cent soixante-dix-sept *lettres*,

(*) Il importe que les élèves s'habituent de bonne heure à écrire des nombres concrets.

8. — Un million cent vingt mille six cent trente francs,
Trois millions dix-neuf mille cent vingt-un,
Vingt millions cinq mille deux cent seize,
Cent millions quarante mille cent quatre,
Dix-neuf mille neuf cent seize,

9. — Quatre cents millions deux cent mille mètres,
Sept cent soixante-onze mille deux cents,
Deux millions six mille vingt-quatre,
Quatre-vingt-quinze mille neuf cents,
Cent millions cent mille cent,

10. — Deux billions cent deux millions de litres,
Quinze billions cent douze millions mille,
Sept cent vingt billions mille cent,
Un billion un million sept cent mille,
Cent deux millions quatre-vingt mille,

11. — Huit cent quatre-vingt-dix-neuf mille minutes,
Dix-neuf millions huit cent quatre,
Dix billions cent quarante-sept millions,
Neuf cent quatre-vingt-dix-neuf,
Quatre millions quatre mille quatre,

12. — Cinq cents millions huit mille vingt secondes,
Cinq cents billions neuf cent mille,
Quarante-cinq millions cinq cents,
Trois billions neuf cent cinq millions,
Sept millions quatre-vingt-treize mille,

13. — Un trillion un billion un million d'oiseaux,
Dix trillions dix millions dix mille,
Cent trillions cent millions cent mille,
Neuf trillions neuf cents billions,
Dix milliards neuf millions cent mille,

14. — Cinq cent soixante-dix-neuf jours,
Mille trois cent soixante-dix-sept,
Vingt millions neuf cent soixante-onze,
Seize billions huit mille cent soixante-dix,
Neuf trillions quatre billions cent vingt-huit,

27. — On appelle *décimales* ou *fractions décimales* des parties 10 fois, 100 fois, 1 000 fo s, etc., plus petites que l'*unité*, et de dix en dix fois plus petites les unes que les autres.

28. — Les parties 10 fois plus petites que l'unité se nomment *dixièmes*. On les place au 1ᵉʳ rang à droite des unités, dont on les sépare par une virgule.

Les parties 100 fois plus petites que l'unité se nomment *centièmes*. On les place au 2ᵉ rang à droite des unités.

Les parties 1 000 fois plus petites que l'unité se nomment *millièmes*. On les met au 3ᵉ rang à droite des unités.

Après les millièmes viennent les *dix-millièmes*, puis les *cent millièmes*, les *millionièmes*, les *dix-millionièmes*, les *cent-millionièmes*, les *billionièmes*, etc.

29. — Il ne faut pas confondre les *dixièmes* avec les *dizaines* : un *dixième* est dix fois plus petit que l'unité ; mais une *dizaine* vaut dix unités. — De même un *centième* est cent fois plus petit que l'unité, et une *centaine* vaut 100 unités.

30. — On appelle *nombre décimal* un nombre composé d'unités entières et d'une fraction décimale, comme 3 unités 5 dixièmes, 9 unités 15 centièmes.

31. — *Pour lire un nombre décimal, on énonce d'abord la partie entière (à gauche de la virgule), puis on lit la partie décimale (à droite de la virgule) comme si c'était un nombre entier, et on lui donne le nom de la dernière subdivision de l'unité* (*).

Pour trouver ce nom, on dit, à partir de la virgule : *dixièmes, centièmes, millièmes, dix-millièmes, cent-millièmes, millionièmes,* etc. (nᵒ 28).

32. — *Pour écrire un nombre décimal, on écrit d'abord les entiers, à droite desquels on met une virgule ; on écrit ensuite la fraction décimale en ayant soin de placer son dernier chiffre au rang de la plus petite subdivision d'unité donnée.*

Les dixièmes se mettent au premier rang à droite de la virgule, les centièmes au second rang, les millièmes au troisième, etc. (28).

Si la fraction décimale est seule, on remplace la partie entière par un zéro.

33. — On appelle *chiffres décimaux* ceux qui sont à droite de la virgule.

(*) On peut encore lire un nombre décimal de plusieurs autres manières Soit, par exemple, le nombre 4,215 qu'on a lu 4 unités 215 millièmes : on pourrait dire aussi, en lisant chaque chiffre séparément : *4 unités, 2 dixièmes, 1 centième, 5 millièmes ;* ou bien encore, en réduisant les unités en décimales pour ne faire du tout qu'un seul nombre *quatre mille deux cent quinze millièmes*.

Nota. — Il est bon d'accoutumer les élèves à lire les nombres de ces différentes manières.

Nombres à lire et à écrire en toutes lettres,

en y ajoutant le nom d'une unité connue.

7,8	7,45	456,726
15,7	0,17	84,324
6,3	25,29	0,226
345,4	3,04	562,045
0,0	0,05	10,008
76,1	26,45	0,709
1 008,9	457,03	76,875
4,3264	52,34568	0,846745
0,8429	0,00748	74,007436
17,0745	215,00009	740,080008
8,0017	76,45292	70,845672
2,0005	0,00074	0,007008
748,7002	86,15407	4 056,060765
9 072,0009	468,70056	97 211,001074
2,5484497	0,07074562	34,845674562
10,0000007	13,23567891	0,000000009
0,0080456	1,00740056	10,007456784
23,7450234	7,00000008	179,456728645
718,0740892	0,05400756	0,007298642
0,0002457	0,00075564	0,150000040
5 004,1000000	109,40421051	80,400001000

674,8	38,45	87,4
69,25	0,246	8,45
0,06	8,4	0,0445
75,254	0,7456	740,0074
0,075	32,14	29,0007
0,01	7,0245	1 456,345678
900,0004	78,0024	1 709,0170049
8,74567	136,487	0,845673456
0,000845	0,00745672	17,00054
0,45	8,48452	0,00010745
0,0028	12,00074841	0,08467
0,464	3,4	25,000009125
0,080456	0,074569	10,070070074
1 008,3542	13,019	10 001,074

Nombres à écrire en chiffres (*).

15. — Dix unités neuf *dixièmes*,
Cent soixante-une unités cinq *dixièmes*,
Dix mille unités quarante-cinq *centièmes*,
Cent soixante-dix-huit unités sept *dixièmes*,
Quatre mille cent soixante unités douze *centièmes*,

16. — Trois *dixièmes*,
Quatre-vingt-dix-neuf *centièmes*,
Sept cent soixante-dix-huit *millièmes*,
Cinq cent quatre-vingt-cinq *millièmes*,
Soixante-dix-sept *centièmes*,

17. — Trente unités huit *centièmes*,
Cent dix-huit unités soixante-quinze *millièmes*,
Six mille vingt unités quatre *dixièmes*,
Soixante-dix-neuf unités sept *millièmes*,
Douze unités cent soixante-cinq *millièmes*,

18. — Une unité mille cent quinze *dix-millièmes*,
Sept cent quarante-un *dix-millièmes*,
Trente unités soixante-quatorze *dix-millièmes*,
Quatre-vingt-onze unités neuf *dix-millièmes*,
Cinq unités mille douze *dix-millièmes*,

19. — Huit unités seize *centièmes*,
Soixante-dix-neuf unités douze *millièmes*,
Trois mille dix-sept unités cinq *dixièmes*,
Deux mille cinq cent quatre *dix-millièmes*,
Cent vingt-neuf unités neuf *centièmes*,

20. — Cinquante-neuf unités cinq *millièmes*,
Deux unités cinq mille sept *dix-millièmes*,
Sept cent une unités cinq *centièmes*,
Quatre-vingt-dix-sept unités cinq *dixièmes*,
Trois cent neuf unités cinq *millièmes*,

21. — Quatre-vingt-dix-neuf *millièmes*,
Mille quatre-vingt-dix-neuf *dix-millièmes*,
Cinquante-quatre *centièmes*,
Trois mille dix-neuf *dix-millièmes*,
Cinq *millièmes*,

(*) Au tableau noir et sur les cahiers.

22. — Cent quinze unités neuf *dixièmes*,
Deux mille trente-cinq unités quatorze *centièmes*,
Cent soixante-dix unités cent quinze *millièmes*,
Vingt-six unités trois cent douze *dix-millièmes*,
Neuf cent quatre-vingt-dix-neuf *millièmes*.

23. — Dix-huit unités cinq *dix-millièmes*,
Cent douze unités cent douze *dix-millièmes*,
Mille quatre-vingt-dix-sept *dix-millièmes*,
Dix mille cent vingt-un *cent-millièmes*,
Mille unités mille trente *cent-millièmes*.

24. — Sept unités quarante-cinq *dix-millièmes*,
Neuf cents unités sept cent quinze *millièmes*,
Dix-huit mille cinq unités trente-trois *centièmes*,
Vingt unités vingt mille soixante *cent millièmes*,
Huit mille quatre-vingt-neuf *dix-millièmes*,

25. — Quinze unités trente-un *millionièmes*,
Une unité deux millions seize *dix-millionièmes*,
Douze millions mille trois cent un *cent-millionièmes*,
Deux unités sept mille cent treize *dix-millionièmes*,
Six cents unités huit cent mille douze *millionièmes*,

26. — Dix millions mille quinze *billionièmes*,
Seize unités cent millions dix mille *billionièmes*,
Quatre unités un billion soixante-un *dix-billionièmes*,
Seize billions un million seize *cent-billionièmes*,
Trois unités sept mille soixante-six *billionièmes*,

27. — Quinze unités quatre dixièmes six *centièmes*,
Trois unités dix millièmes cinq *millionièmes*,
Cinq centièmes vingt-cinq *dix-millièmes*,
Un dixième quatre millionièmes un *billionième*,
Cent quarante-neuf unités huit *millionièmes*,

28. — Douze mille cent six *dix-millièmes*,
Cent trente-trois dixièmes sept *millionièmes*,
Deux mille cinquante-un *millièmes*,
Vingt dix-millièmes seize *dix-billionièmes*,
Trois cent dix-sept millions quinze *cent-millièmes*.

Rendre un nombre 10, 100, 1 000... fois plus grand.

34. — NOMBRES ENTIERS. — *On rend un nombre entier 10 fois plus grand en écrivant 1 zéro sur sa droite, 100 fois en écrivant 2 zéros, etc.* (*).

Rendre 100 fois plus grand le nombre   15
J'écris 2 zéros à sa droite, ce qui donne 1500.

EXPLICATION. J'avais précédemment 15 unités, j'ai maintenant 15 centaines; or les centaines sont 100 fois plus grandes que les unités, donc le nombre 15 a été rendu 100 fois plus grand.

35. — NOMBRES DÉCIMAUX. — *On rend un nombre décimal 10 fois plus grand en déplaçant la virgule de 1 rang vers la droite, 100 fois en la déplaçant de 2 rangs, etc.*

Rendre 10 fois plus grand le nombre   3,45.
Je déplace d'un rang la virgule vers la droite : 34,5.

J'avais précédemment 345 centièmes, j'ai maintenant 345 dixièmes; or les dixièmes sont dix fois plus grands que les centièmes, donc le nombre 3,45 a été rendu dix fois plus grand.

Rendre un nombre 10, 100, 1 000... fois plus petit.

36. — NOMBRES ENTIERS. — *On rend un nombre entier 10 fois plus petit en séparant 1 chiffre sur sa droite par une virgule, 100 fois en séparant 2 chiffres, etc.*

Rendre 100 fois plus petit le nombre   425.
Je sépare 2 chiffres sur sa droite par une virgule : 4,25.

J'avais précédemment 425 unités, j'ai maintenant 425 centièmes; or les centièmes sont 100 fois plus petits que les unités, donc le nombre 425 est rendu 100 fois plus petit.

37. — NOMBRES DÉCIMAUX. — *On rend un nombre décimal 10 fois plus petit en déplaçant la virgule de 1 rang vers la gauche, 100 fois en la déplaçant de 2 rangs, etc.*

Rendre 1 000 fois plus petit le nombre   3 456,2.
Je déplace la virgule de 3 rangs, et j'ai   3,4562.

J'avais précédemment 34 562 dixièmes, j'ai maintenant 34 562 dix-millièmes ; or les dix-millièmes sont 1 000 fois plus petits que les dixièmes, donc le nombre 3 456,2 est rendu 1 000 fois plus petit.

38. — REMARQUE. — *On ne change pas la valeur d'un nombre décimal en écrivant ou en supprimant un ou plusieurs zéros à droite de la partie décimale.*

Soit 3,45 ; si j'écris deux zéros à droite de la partie décimale 45, j'obtiens 3,4500, nombre qui est égal au premier.

En effet, la virgule étant toujours à la même place, il y a, dans le 2ᵉ nombre, 3 unités 4 dixièmes 5 centièmes, absolument comme dans le 1ᵉʳ. — Ou bien : s'il y a dans le 2ᵉ nombre 100 fois plus de parties que dans le 1ᵉʳ, ces parties (des dix-millièmes) sont 100 fois plus petites que les 1ʳᵉˢ (des centièmes).

(*) Autant de zéros qu'il y en a dans 10, 100, 1 000, etc.

Exercices.

29.—Rendre 10 fois plus grand le nomb. 8 *fr.*
    1000 fois plus grand   75

30.—Rendre 100 fois plus grand   7,856
    10000 fois plus grand   0,451

31.—Rendre 10 fois plus petit   32
    1000 fois plus petit   74

32.—Rendre 100 fois plus petit   45,25
    10000 fois plus petit   122,3

33.—Rendre 10 fois plus grand   92
    10 fois plus grand   8,4

34.—Rendre 10 fois plus petit   12,9
    100 fois plus grand   214

35.—Rendre 1000 fois plus grand   8,215
    1000 fois plus petit   8215

36.—Rendre 10 fois plus grand   0,5
    100 fois plus grand   0,05

37.—Rendre 10000 fois plus grand   114
    10000 fois plus petit   24176
    1000000 fois plus grand   37

38.—Rendre 100000 fois plus grand   2,74567
    10000 fois plus grand   0,07456
    100000 fois plus petit   245670,8

39.—Rendre 10 fois plus grand   0,1
    100 fois plus grand   3,4
    100 fois plus petit   2,4

40.—Rendre 1000 fois plus grand   8,15
    100000 fois plus grand   0,25
    10000 fois plus petit   45,2

41.—Rendre 1000 fois plus grand   2876
    1000 fois plus grand   2,876
    1000 fois plus petit   2876

42.—Rendre 1000000 de f. plus grand   1
    1000000 de f. plus petit   0,1
    100000000 de f. plus petit   0,45

43.—Rendre 100 fois plus grand   0,004
    100 fois plus petit   1,5
    1000 fois plus grand   0,007

44.—Rendre 10000 fois plus petit   21
    100000 fois plus petit   0,75
    10000 fois plus grand   0,000007

45.—Rendre 10 fois plus petit   81
    10 fois plus grand   0,05
    1000 fois plus grand   2,25

Exercices oraux sur la numération.

(On peut aussi faire écrire les réponses.)

1° Dans un nombre entier, que représente la 2ᵉ tranche à partir de la droite? la 4ᵉ tranche? — le 3ᵉ chiffre? le 4ᵉ? le 6ᵉ? le 7ᵉ?

2° Dans un nombre entier, à quel rang place-t-on la tranche des mille? des billions?—le chiffre des dizaines? des unités de mille?

3° Dans un nombre décimal, que représente le 1ᵉʳ chiffre à gauche de la virgule? le 3ᵉ? le 5ᵉ? — le 1ᵉʳ chiffre à droite de la virgule? le 3ᵉ? le 5ᵉ?

4° Dans un nombre décimal, à quel rang place-t-on les dizaines? les dixièmes? les centaines? les centièmes? les mille? les millièm.?

5° Combien une dizaine vaut-elle d'unités? Combien une centaine vaut-elle de dizaines? Combien une dizaine de mille vaut-elle de dizaines? de centaines?

6° Combien faut-il de dizaines pour faire un cent? de centaines pour faire un mille? une dizaine de mille? Combien de mille pour faire un million? Qu'est-ce qu'un million? et un milliard?

7° Combien une unité vaut-elle de dixièmes? de centièmes? de millièmes? Comb. un dixième vaut-il de centièm.? de millièm.?

8° Combien faut-il de dixièmes pour faire une unité? de centièmes pour faire un dixième? de millièmes pour faire un centième? un dixième?

9° Combien une dizaine vaut-elle de dixièmes? de centièmes? Combien une centaine vaut-elle de dixièmes? de centièmes? de dix-millièmes?

10° Combien faut-il de centièmes pour faire une dizaine? un mille? Combien faut-il de millièmes pour faire un dixième? une dizaine? un mille?

11° Combien les centaines sont-elles de fois plus grandes que les dizaines? Combien les mille sont-ils de fois plus petits que les millions? que les billions?

12° Combien les dixièmes sont-ils de fois plus grands que les millièmes? Combien les millionièmes sont-ils de fois plus petits que les dix-millièmes? que les centièmes?

13° Rendez, par la pensée, le nombre 4 dix fois plus grand, dix f. plus petit. — Le nombre 200 dix f. plus grand; cent f. plus petit.

14° Rendez le nombre 0,25 cent fois plus grand; dix f. plus petit. — Le nombre 4,5 dix fois plus grand, cent fois plus petit.

15° Combien font 10 fois 15? 100 fois 18? 10 f. 32? 100 f. 48? 10 fois 0,50? 100 fois 0,25? 10 fois 4,50? 100 f. 12,4? 1000 f. 0,001?

16° Quel est le dixième de 150, de 340, de 1320, de 25, de 124? quel est le 100ᵉ de 300, de 4000, de 5100, de 425, de 2150, de 3145?

17° Si le mètre vaut 8 fr. combien valent 10ᵐ?—100ᵐ?—1000ᵐ? — Lorsqu'un ouvrier gagne 2 fr. 50 par jour, que gagne-t-il en 10 jours? en 100 jours?

18° Si 1000 briques coûtent 40 fr., combien une brique? 10 briques? 100 briques? Lorsqu'un ouvrier gagne 35 fr. en 10 jours, que gagne-t-il en 1 jour? en 100 jours?

OPÉRATIONS FONDAMENTALES DE L'ARITHMÉTIQUE.

39. — Les opérations fondamentales de l'arithmétique sont *l'addition*, la *soustraction*, la *multiplication* et la *division*.

ADDITION

Quand on dit : 4 et 5 font 9, on fait une addition ; donc

40 — L'*addition* est une opération par laquelle on *réunit* plusieurs nombres de même espèce en un seul qu'on appelle *somme* ou *total*.

Soit à additionner 84 281 *fr.*+562+80+54 201+7 033 (*).

41. — RÈGLE. — *Pour additionner plusieurs nombres*, on les écrit les uns sous les autres, unités sous unités, dizaines sous dizaines, centaines sous centaines, et l'on tire un trait sous le dernier nombre.

$$
\begin{array}{r}
84\ 281\ \textit{fr.} \\
562 \\
80 \\
54\ 201 \\
7\ 033 \\
\hline
\text{TOTAL } 146\ 157\ \textit{fr.}
\end{array}
$$

Puis, commençant par le haut, on fait la somme de la première colonne à droite ; si cette somme ne surpasse pas 9, on l'écrit telle au-dessous de la première colonne ; si elle surpasse 9, on écrit seulement les unités et on retient les dizaines pour les reporter à la deuxième colonne, sur laquelle on opère comme sur la première, et ainsi des autres jusqu'à la dernière, au-dessous de laquelle on écrit le résultat tel qu'on le trouve.

Preuve de l'addition.

42. — On appelle *preuve* d'une opération une seconde opération que l'on fait pour s'assurer de l'exactitude de la première.

43. — La preuve de l'addition se fait en recommençant à additionner de bas en haut ; si cette opération donne le même total que la première, l'addition est exacte.

(Voir au *Supplément*, page 8, d'autres preuves de l'addition.)

Addition des nombres décimaux.

Soit à additionner 14^m25+2,4+0,259+748,14+76.

44. — *Pour additionner plusieurs nombres décimaux*, on les écrit les uns sous les autres de manière que les unités de même espèce ou simplement les virgules soient les unes sous les autres. Commençant ensuite par la droite, on additionne comme si les nombres étaient entiers, et on place la virgule sous la colonne des virgules.

$$
\begin{array}{r}
14^{\text{mt}}25 \\
2,4 \\
0,259 \\
748,14 \\
76, \\
\hline
841^{\text{m}}049
\end{array}
$$

(*) Ce signe (+) s'énonce *plus*, on le place entre plusieurs nombres à additionner

Exercices sur l'addition.

[Après l'exercice indiqué page 2 et qui consiste à faire compter les enfants de
1 en 2, de 3 en 3, etc., il importe que les élèves soient exercés de bonne heure
à faire les additions orales qui doivent les préparer aux additions écrites. Voi
nos *Premiers Exercices de calcul oral et écrit*, p. 14 et 15.]

Dans les exercices suivants, le maître expliquera oralement la manière d'opérer.

46.— 2 421 *fr.*	47.— 54 213	48.— 4 345	49.— 34 102
3 202	4 562	686	8 451
2 113	849	62 232	36
1 262	48 521	8 164	543 024
		156	81 806

50.—3 462 + 2 465 + 3 150 + 6 104 + 2 521 *francs*

51.—243 + 6 201 + 54 321 + 724 + 1 567 + 26 *francs*

52.—54 892 + 264 + 30 + 7 456 + 31 467 + 846 *francs*

53.—64 280 + 37 456 + 645 + 8 429 + 724 315 *francs*

54.—37 + 645 + 8 246 + 76 549 + 325 673 *francs*

55.—672 986 + 54 281 + 3 456 + 294 + 67 *francs*

56.—2 749 + 678 428 + 24 789 + 34 562 + 834 *mètres*

57.—34 681 + 245 383 + 5 482 + 137 482 + 74 802 *mètres*

58.—732 184 + 567 482 + 6 720 + 945 391 + 676 452 *mèt.*

59.—67 450 + 248 976 + 6 528 + 54 936 + 948 073 *mèt.*

60.—2 740 + 54 869 + 645 + 694 302 + 7 450 + 429 *mètres*

61.—645 820 + 5 436 + 84 986 + 742 034 + 6 480 *mètres*

62.—548 672 + 389 + 26 213 + 438 876 + 54 320 + 6 734 *f.*

63.—98 145 + 639 + 2 432 816 + 23 485 + 676 734 + 27 *f.*

64.—648 620 + 834 + 5 400 + 325 898 + 67 453
     + 845 676 + 52 843 *litres*

65.—51 847 + 98 245 671 + 876 + 10 745 620 + 84 290
     + 676 + 32 541 + 17 489 *litres*

66.—300 412 + 845 + 12 867 454 + 90 621 + 2 861
     + 345 079 + 2 049 217 + 385 672 *litres*

67.—84 500 + 72 864 567 + 34 528 + 674 580 + 984
     + 17 456 729 + 82 347 + 120 075 *litres*

68.—274 560 + 715 + 82 945 067 + 7 485 300 + 1 270
     + 87 542 + 914 510 654 + 527 456 *litres*

69.—54 892 674 + 98 456 742 + 54 842 456 + 1 645
     + 64 824 210 + 74 320 000 + 34 568 672 *heures*

70.—945 674 + 8 265 + 984 + 72 486 729 + 654
     + 87 000 + 9 845 679 + 26 528 456 *minutes*

71.—912 674 + 9 280 056 + 74 127 254 + 174
     + 1 009 227 + 742 867 + 215 070 092 + 9 845 *f.*

72.—7 486 947 + 89 654 + 215 + 18 456 925 + 6 748
     + 7 215 714 + 84 677 + 834 615 + 29 146 127 *m.*

73.—326 + 49 276 + 408 674 + 24 508 + 28 945
     + 64 126 275 + 645 684 + 645 286 + 5 684 *litres*

74.—3 484 672 + 84 935 689 + 82 456 + 9 145 689
     + 84 567 + 945 670 + 8 456 784 + 54 608 256 *f.*

75.—450 314 + 800 163 + 9 254 076 + 84 510 600 + 90 106 712
+ 914 567 842 + 325 486 + 7 800 409 *fr.*
76.—92 + 679 + 88 + 99 + 6 + 945 + 896 + 679 + 349
+ 709 + 608 + 149 + 8 + 17 + 548 + 7 *points.*
77.—7 899 + 109 + 74 + 586 + 6 784 + 159 + 889 + 779
+ 548 + 6 789 + 54 289 + 987 + 689 + 8 989 *jours.*
78.—548 + 67 898 + 5 489 + 6 589 + 787 + 9 458 + 489
+ 9 489 + 289 + 6 967 + 749 + 78 + 876 + 8 765 *écoliers.*

Nombres décimaux.

(Y ajouter le nom d'une unité connue.)

79.—348,125	80.—645,82	81.— 9,48	82.—0,05
20,4	0,725	21,05	0,265
214,54	7 482,1	0,075	0,0426
81,126	186,	8,7275	0,7
9,21	9,825	86,12	0,008

83.—94,56 + 8,751 + 815,8 + 9,48 + 85,759
84.—540,4 + 67,845 + 15,8972 + 0,742
85.—36,584 + 12,40 + 5,151 + 0,48 + 17,5
86.—54,3456 + 0,8496 + 1,0512 + 9,876 + 0,4
87.—0,456 + 745,254 + 87 + 14,005 + 64,26
88.—7,649 + 346 + 0,842 + 31,005 + 7,2
89.—10,54 + 82,75 + 0,3482 + 0,75 + 2,745
90.—9,154 + 6,218 + 17,5 + 0,849 + 754
91.—0,849 + 0,075 + 0,15 + 0,9 + 6,423 + 0,743
92.—8,456 + 0,3 + 0,0075 + 24,56 + 0,17 + 0,9
93.—0,456 + 0,12 + 74,154 + 0,8 + 748,14565
94.—0,07654 + 0,845 + 0,45678 + 0,284 + 54,82176
95.—0,8 + 0,125 + 0,7245 + 0,63 + 0,745684 + 0,17
96.—5,4862 + 0,84 + 24,054 + 346,2 + 84,5483
97.—0,534 + 6,25 + 49 + 548,9 + 2,25 + 0,74 + 100
+ 0,2756 + 5,8 + 64,25 + 780
98.—0,87 + 0,075 + 9,15 + 72,45 + 0,0286 + 75 + 101
+ 2,7246 + 3,25 + 0,2745 + 17,4
99.—456,826 + 4,15 + 8 245,0078 + 3,4567 + 10
+ 182,740 + 6 728,24567 + 5,170074
100.—45,145 + 0,810 + 0,9 + 13,4567 + 814,54
+ 9 215,72656 + 8,45 + 192,215 + 0,276
101.—36,4 + 0,89 + 345 + 17,325 + 1,426 + 6,25 + 0,9
+ 0,7156 + 640 + 246,5 + 39
102.—0,456 + 0,12 + 84,54 + 0,8762 + 8,256 + 74,154
+ 0,8 + 74,154 + 748,14565
03.—36,4 + 0,89 + 345 + 17,325 + 6,25 + 39 + 0,7156
+ 640 + 246,5 + 0,9
104.—0,4567 + 0,05 + 7 456,9 + 18,00475 + 314,84
+ 0,8765 + 24,05 + 6 480,254 + 56,84565

105.—$0,17 + 0,745684 + 0,125 + 0,8 + 0,000752 + 0,74$
   $+ 0,008 + 0,6456 + 0,27 + 0,56708$ R.   4,072116
106.—$0,8762 + 74,154 + 0,8 + 748,14565 + 84,54 + 8,256$
   $+ 780,127564 + 89,602$ 1 786,501414

(Outre les exercices qui précèdent, on pourra faire additionner les nomb. nᵒˢ 1 à 28)

Problèmes sur l'addition.

45.—Un *problème* est une question que l'on résout par le calcul.

46. — Un problème se résout au moyen d'une addition lorsqu'il s'agit de réunir plusieurs nombres en un seul.

[Ne pas oublier d'exercer les enfants à résoudre de vive voix de petites questions du genre de celles qui suivent. Ces simples questions font comprendre aux commençants l'usage d'une opération mieux que n'importe quelle explication.
1° Quand on a déjà 9 plumes et qu'on en achète 5, combien cela fait-il de plumes?
2° Paul a gagné lundi 6 bons points, mardi 5, mercredi 7, vendredi 6 et samedi 4; combien Paul a-t-il de bons points pour sa semaine?
3° Quand le mois commence le lundi, quelles sont les dates de tous les lundis du mois?] (Voir nos *Premiers Exercices*, page 18.)

107. — Quel est le total d'un mémoire qui porte les sommes suivantes : 4 fr., 15 fr., 25 fr., 3 fr. et 1 fr.?

108. — Une cave renferme 4 tonneaux pleins : le 1ᵉʳ contient 1549 litres ; le 2ᵉ, 1275 ; le 3ᵉ, 1073, et le dernier, 1680 ; combien de litres en tout dans la cave?

109. — J'ai déposé à la Caisse d'épargne, d'abord 90 fr., puis 35 fr., ensuite 105 fr., enfin 70 fr. ; combien ai-je déposé en tout?

110. — Janvier a 31 jours, février 28, mars 31, avril 30, mai 31, juin 30, juillet 31, août 31, septembre 30, octobre 31, novembre 30 et décembre 31 ; combien de jours dans l'année?

111. —Je dois 35 fr. 15 à mon boulanger, 17 fr. 25 à mon boucher, 25 fr. à mon tailleur et 93 fr. à d'autres personnes; quelle somme me faudra-t-il pour m'acquitter?

112. — J'ai 120 fr. ; si l'on me payait 75 fr. qui me sont dus, combien aurais-je?

113. — Une personne vient de payer 115 fr. 75 cent. et on lui a dit qu'elle doit encore 94 fr. ; combien devait-elle en tout?

114. — Une maison a coûté 1560 fr. ; j'y ai fait pour 265 fr. de réparations ; combien dois-je la revendre pour gagner 230 fr. ?

115. — Je suis né en 1858 ; en quelle année aurai-je 25 ans?

116. — Une personne, née en 1804, est morte à l'âge de 39 ans; en quelle année est-elle décédée?

117. —On a payé 5 ouvriers : le premier avait gagné 17 fr. 85 ; le second, 40 fr. ; le troisième, 32 fr. 50 ; le quatrième, 19 fr. 05 ; et le dernier, 100 fr. 75 ; combien a-t-il fallu d'argent pour les payer tous?

118. — Que faut-il pour payer deux paires de souliers à raison de 10 fr. 75 pour chaque paire?

Quand on dit 3 de 7 reste 4, on fait une soustraction ; donc

47. — La *soustraction* est une opération par laquelle on *retranche* un nombre d'un autre nombre de même espèce. Le résultat de la soustraction se nomme *reste* ou *différence*.

Soit à soustraire 54 290 *fr.* de 96 392 *fr.* (*).

48. — RÈGLE. — *Pour faire une soustraction*, on écrit d'abord le plus grand nombre, et au-dessous le plus petit, unités sous unités, dizaines sous dizaines, centaines sous centaines, etc., et l'on tire un trait.

De   96 392 *fr.*
J'ôte   54 290 *fr.*
Reste   42 102 *fr.*

Commençant ensuite par la droite, on ôte chaque chiffre du nombre inférieur de celui qui est au-dessus et l'on écrit le reste au-dessous.

Soit à soustraire 456 724 *fr.* de 694 816 *fr.*

De   694 816 *fr.*
J'ôte   456 724 *fr.*
Reste   238 092 *fr.*
Preuve   694 816

49. Quand un chiffre du nombre inférieur est plus grand que celui qui est au-dessus, on augmente ce dernier de 10, et l'on ajoute 1 au chiffre suivant du nombre inférieur.

En compensant ainsi, la différence reste la même, car les deux nombres ont été augmentés l'un et l'autre d'une même quantité (**).

Preuve de la soustraction.

50. — *Pour faire la preuve de la soustraction*, on additionne le reste avec le plus petit nombre ; si la somme est égale au plus grand nombre, l'opération est bien faite.

Voir au Supplément, page 8, une autre preuve de la soustraction.

Soustraction des nombres décimaux.

Soit à soustraire 9mèt,241 de 24mèt,425.

51. — *Pour faire la soustraction des nombres décimaux*, on écrit le plus grand nombre, au-dessous le plus petit, de manière que les deux virgules soient l'une sous l'autre ; ensuite on opère comme dans les nombres entiers, et on met la virgule sous la colonne des virgules.

De   24mèt,425
J'ôte   9mèt,241
Reste   15mèt,184
Preuve   24mèt,425

Soit à soustraire 0mèt,475 de 74mèt,8.

52. — Si l'un des nombres a moins de chiffres décimaux que l'autre, on écrit à la droite de celui qui en a le moins assez de zéros pour que le nombre des décimales soit le même dans les deux nombres.

De   74mèt,8
J'ôte   0mèt,475
Reste   74mèt,325
Preuve   74mèt,800

(*) La soustraction s'indique au moyen d'un trait (—) qui s'énonce *moins* et que l'on place entre les 2 nombres, le plus grand étant le premier écrit.

(**) Ceci repose sur ce principe que le maitre fera facilement comprendre aux enfants : *La différence entre deux nombres ne change pas quand on les augmente ou qu'on les diminue d'une même quantité.*

Exercices sur la soustraction.

(Le maître expliquera oralement la manière d'opérer.)

[On prépare utilement les enfants à la pratique de la soustraction en leur faisant faire un grand nombre de soustractions orales. (Voir nos *Premiers Exercices*, pages 19 et 20.)]

119. — De 8 469 *fr.*	**120**. — De 189 450	**121**. — De 74 258	
Otez 1 054	Otez 1 340	Otez 61 023	
Reste	Reste	Reste	
Preuve	Preuve	Preuve	

N°	Nombre	Unité	Ôtez
122.—De	897	francs ôtez	123 *fr.*
123.—	9 956	francs	7 424
124.—	89 941	francs	72 410
125.—	65 489	francs	61 034
126.—	8 497	francs	3 165
127.—	254 874	mètres	102 320 *mèt.*
128.—	1 894 567	mètres	749 234
129.—	8 456 700	mètres	1 456 900
130.—	12 498 654	mètres	9 134 569
131.—	694 598	mètres	48 216
132.—	74 925 670	litres	19 241 290 *litr.*
133.—	100 745 689	id.	9 452 765
134.—	74 567 894	id.	24 567 020
135.—	945 670 291	id.	14 576 202
136.—	1 049 876	id.	74 980
137.—	187 749	hommes	7 989 *hom.*
138.—	2 456 789 450	id.	1 784 567 890
139.—	94 567 804	id.	645 679
140.—	210 700 745	id.	100 024 760
141.—	2 849 458	femmes	48 970 *fem.*
142.—	8 694 560	id.	1 234 567
143.—	145 678 925	id.	48 567 894
144.—	264 589 709	id.	107 124 575
145.—	8 888 880	arbres	1 749 910 *arbr*
146.—	542 007 000	id.	189 008 000
147.—	6 541 745 691	id.	849 675
148.—	99 000 745	id.	11 990 312
149.—	12 345 678	francs	3 456 789 *fr.*
150.—	9 456 024	id.	8 942 075
151.—	8 456 729	mètres	949 187 *mèt.*
152.—	245 678 456	id.	197 694 815
153.—	484 967 654	id.	123 456 789
154.—	84 567 925 670	litres	21 749 813 456 *lit.*
155.—	9 450 007 456	id.	9 060 058 297
156.—	77 777 777 777	id	8 989 898 989

157.—De	100 000 000	*fr.*	ôtez 84 567 241 *fr.*
158.—	100 000 000	*id.*	18 000 740
159.—	10 000 000	*gr.*	84 563 *gram.*
160.—	1 000 000	*id.*	9
161.—	1 000 000 000	*id.*	728
162.—	1 000 000	*noix*	1 *noix.*
163.—	4 200 100 901	*id.*	90 100 992
164.—	5 042 700 600	*fr.*	2 987 000 909 *fr.*
165.—	6 000 045 600	*id.*	999 999 999
166.—	1 000 000 000	*id.*	999 999 999
167.—	10 940 200 010	*mèt.*	9 940 290 919 *mèt.*
168.—	5 000 007 400	*id.*	98 709
169.—	642 840 000	*id.*	29 800 010

Nombres décimaux.

(Y ajouter le nom d'une unité connue.)

170.—De 84,75   **171.**—De 470,725   **172.**—De 1 459,8

j'ôte 31,10   j'ôte 137,69   j'ôte 929,975

reste   reste   reste

173. — De	1 648,87	ôtez 1 215,25
174. —	6 450,19	3 451,05
175. —	184,3	96,6
176. —	5 481,725	194,127
177. —	2,48456	1,17250
178. —	0,845672	0,145715
179. —	0,0007	0,0003
180 —	0,07458	0,00473
181. —	184,428	67,95
182 —	0,8467	0,6
183. —	714,8	18,45
184. —	9,36	2,965
185. —	146,875	94,1864
186. —	24,84	0,0029
187. —	0,845	0,0046
188. —	1 754,849	1 127,215
189. —	64,007	18,9
190. —	80 567,54	3 456,007
191. —	12 300,74	194,81764
192. —	74,01	8,001
193. —	1 767,94557	196,849
194. —	84,20075	0,374567
195. —	5,	0,5
196. —	4,	0,40
197. —	45,	0,45
198. —	0,6	0,06

199. — De	1,	ôtez	0,01
200. —	0,1		0,001
201. —	7 445,		28,456
202. —	84 567,		34 567,9
203. —	845,		0,246
204. —	456,008		329,0007
205. —	945,		0,945
206. —	0,84		0,0084
207. —	0,0006		0,00006
208. —	174,15		173,
209. —	1 000,		999,999

Problèmes sur la soustraction.

53. — *Un problème se résout au moyen d'une soustraction* lorsqu'il s'agit de retrancher ou d'ôter un nombre d'un autre, ce qui a lieu *toutes les fois qu'on demande un* RESTE *ou la* DIFFÉRENCE *entre deux nombres.*

[Avant de passer aux problèmes proprement dits, ne pas oublier de faire résoudre aux enfants et de vive voix des questions de ce genre :
1° Louis avait 8 plumes, il en a usé 3, que lui en reste t-il ?
2° Je devais 15 fr., j'en ai payé 9, combien dois-je encore ?
3° J'avais 12 pommes, j'en ai donné 3 à Jules et 2 à Alexis ; combien me reste-t-il de pommes ?]

(Voir nos *Premiers Exercices*, page 23.)

210. — Une pièce de toile contenait 120 mètres, on en a coupé 73 mètres, dites ce qui reste.

211. — Un écolier a gagné dans son année 954 bons points ; un autre n'en a gagné que 796 ; combien le premier en a-t-il de plus que le second ?

212. — Un homme qui me devait 180 fr. vient de me payer 75 fr., que me doit-il encore ?

213. — On a payé 120 fr. à compte d'un mémoire montant à 215 fr. ; que doit-on encore ?

214. — J'avais 310 fr. 80 à la caisse d'épargne ; aujourd'hui j'en ai retiré 139 ; combien y ai-je encore ?

215. — J'ai un livre qui contient 135 pages, j'en ai déjà lu 56 ; combien m'en reste-t-il à lire ?

216. — Que faut-il ajouter à 63 pour avoir 100 ?

217. — En quelle année est né un enfant qui avait 11 ans en 1854 ?

218. — Une femme est morte en 1855 à l'âge de 85 ans ; on demande l'année de sa naissance.

219. — Une pièce de terre contenait 170 ares ; on en a pris 5 ares pour construire une maison et 11 ares pour faire un jardin ; combien d'ares contient encore la pièce ?

Quand on dit 3 fois 4 font 12, on fait une multiplication ; donc

54. — La *multiplication* est une opération par laquelle on *répète* un nombre appelé *multiplicande* autant de fois que l'indique un autre nombre appelé *multiplicateur*.

Le résultat de la multiplication se nomme *produit* (*).

55. — Le multiplicande et le multiplicateur se nomment *facteurs* du produit.

56. — TABLE DE MULTIPLICATION.

[Si les élèves ont été bien exercés suivant les procédés indiqués pages 2 et 16, ils savent ajouter les 10 premiers nombres à eux-mêmes jusqu'à 10 fois, de cette manière : 6 et 6 font 12, et 6 font 18, et 6 font 24, etc.; ils doivent maintenant pouvoir dire : 6, 12, 18, 24, 30, etc., et enfin trouver combien font 3 fois 6, 6 fois 6..... 9 fois 6, etc. Dès lors, l'étude de la table de multiplication ne présente aucune difficulté.]

2 fois 2 font 4.	5 fois 5 font 25.	
2 fois 3 font 6.	5 fois 6 font 30.	
2 fois 4 font 8.	5 fois 7 font 35.	
2 fois 5 font 10.	5 fois 8 font 40.	
2 fois 6 font 12.	5 fois 9 font 45.	
2 fois 7 font 14.	5 fois 10 font 50.	
2 fois 8 font 16.		
2 fois 9 font 18.	6 fois 6 font 36.	
2 fois 10 font 20.	6 fois 7 font 42.	
	6 fois 8 font 48.	
3 fois 3 font 9.	6 fois 9 font 54.	
3 fois 4 font 12.	6 fois 10 font 60.	
3 fois 5 font 15.		
3 fois 6 font 18.	7 fois 7 font 49.	
3 fois 7 font 21.	7 fois 8 font 56.	
3 fois 8 font 24.	7 fois 9 font 63.	
3 fois 9 font 27.	7 fois 10 font 70.	
3 fois 10 font 30.		
	8 fois 8 font 64.	
4 fois 4 font 16.	8 fois 9 font 72.	
4 fois 5 font 20.	8 fois 10 font 80.	
4 fois 6 font 24.		
4 fois 7 font 28.	9 fois 9 font 81.	
4 fois 8 font 32.	9 fois 10 font 90.	
4 fois 9 font 36.	10 fois 10 font 100.	
4 fois 10 font 40.		

La multiplication peut présenter 2 cas.

1er CAS. — Le multiplicateur n'ayant qu'un seul chiffre, comme 728 fr. $\times$ 6 (**).

(*) On trouvera, p. 149 de l'*Arithmétique élémentaire*, une définition plus générale.

(**) Ce signe $\times$ s'énonce *multiplié par*.

57. — RÈGLE. — *Pour faire la multiplication quand le multiplicateur n'a qu'un seul chiffre,* on écrit le multiplicande, au-dessous le multiplicateur, et l'on tire un trait.

Multiplicande.   728 *fr.*
Multiplicateur.   6
Produit   4 368 *fr.*

Ensuite, commençant par la droite, on multiplie les unités, dizaines, centaines, etc. du multiplicande par le multiplicateur ; si le produit ne surpasse pas 9, on l'écrit tel à son rang ; s'il surpasse 9, on écrit seulement les unités et l'on retient les dizaines pour les ajouter au produit suivant, et ainsi de suite jusqu'au dernier produit, qu'on écrit tel qu'on le trouve.

EXPLICATION. — En opérant ainsi, on obtient bien le produit cherché, 6 fois 728, car on a répété 6 fois les unités, 6 fois les dizaines, 6 fois les centaines, c'est-à-dire toutes les parties de 728, exactement comme si l'on eût écrit ce nombre 6 fois l'un au-dessous de l'autre et qu'on eût additionné. La multiplication n'est qu'une addition abrégée.

2ᵉ CAS. — Le multiplicateur ayant plusieurs chiffres, comme 8 765 fr. × 543.

58 — RÈGLE. — *Pour faire la multiplication quand le multiplicateur a plusieurs chiffres,* on écrit le multiplicande, au-dessous le multiplicateur, et on tire un trait.

8 765 *fr.*
  543
———
26 295
350 60
4 382 5
———
4 759 395 *fr.*

Puis, commençant par la droite, on multiplie tout le multiplicande par chaque chiffre du multiplicateur, en ayant soin de poser le 1ᵉʳ chiffre de chaque produit partiel au même rang que le chiffre qui sert de multiplicateur.

Ensuite on additionne tous les produits partiels, et le total est le produit demandé.

EXPLICATION. — Dans la multiplication ci-dessus, je dois répéter le multiplicande 543 fois ; pour y arriver, je le répète d'abord 3 fois, puis 40 fois, puis 500 fois, ce qui fera *cinq cent quarante-trois* fois. 1° En répétant le multiplicande 3 fois, j'obtiens 26 295 — 2° Pour le répéter 40 fois, je le répète d'abord 4 fois, puis le produit 10 fois, ce qui fait 10 fois 4 fois ou 40 fois ; c'est en vue de cette multiplication par 10 que je laisse la place d'un zéro ; j'obtiens 35 060 dizaines. — 3° Pour répéter le multiplicande 500 fois, je le répète d'abord 5 fois, puis le produit 100 fois, ce qui fait bien 100 fois 5 fois ou 500 fois, c'est en vue de cette multiplication par 100 que je laisse la place de deux zéros ; j'obtiens 43 825 centaines. Faisant la somme, j'ai donc bien 543 fois le multiplicande, et le produit cherché est 4 759 395 francs.

59.— REMARQUE. — Quand, dans le multiplicateur, il se trouve des zéros placés entre les autres chiffres, on multiplie seulement par les chiffres significatifs (*) ; mais il faut avoir bien soin de placer le premier chiffre de chaque produit partiel au même rang que le chiffre par lequel on multiplie.

———

(*) Les chiffres significatifs sont tous les chiffres excepté 0.

Ce que devient le produit quand on multiplie ou qu'on divise le multiplicande et le multiplicateur.

60. — 1° Lorsqu'on multiplie ou qu'on divise l'un des facteurs par 2, 3 ou 4,... le produit est simplement multiplié ou divisé par 2, 3 ou 4,...

EXPL. — Le produit de 6×4 se compose de 4 fois 6 ; mais si je multiplie le facteur 6 par 2, le nouveau produit $(6 \times 2) \times 4$ se composera de 4 fois 2 fois 6, ou 8 fois 6 ; il sera donc bien 2 fois plus grand que le 1er qui ne contient que 4 fois 6.

De même, si j'avais multiplié le facteur 4 par 2, le nouveau produit serait composé de 2 fois 4 fois 6 ou 8 fois 6 ; il serait donc bien aussi 2 fois plus grand que le 1er.

D'un autre côté, si je divise le facteur 6 par 2, je répéterai 4 fois un nombre 2 fois plus petit ; le produit deviendra donc nécessairement 2 fois plus petit.

De même, si j'avais divisé le facteur 4 par 2, j'aurais répété 2 fois moins de fois le facteur 6 ; le produit serait donc encore nécessairement devenu 2 fois plus petit.

D'où il suit que

2° Lorsqu'on multiplie l'un des facteurs par 2, 3 ou 4, ... et qu'on divise l'autre facteur par 2, 3 ou 4, ... le produit ne change pas de valeur.

EXPL. — La multiplication d'un facteur par 2, 3 ou 4 a pour effet de rendre le produit 2, 3 ou 4 fois plus grand ; mais la division de l'autre facteur par 2, 3 ou 4 ayant pour effet contraire de rendre le produit 2, 3 ou 4 fois plus petit, il y a compensation, et le produit reste le même.

Mais

3° Si l'on multiplie ou si l'on divise à la fois les deux facteurs par 2, 3, 4, ... le produit est multiplié ou divisé non pas par 2, 3, 4, ... mais par 2 fois 2 ou 4, 3 fois 3 ou 9, etc.

EXPL. — Soit 6×5 ; si je multiplie 5 par 2, le produit contiendra 2 fois 5 fois 6 ou 10 fois 6, et si, de plus, je multiplie le facteur 6 par 2, le nouveau produit contiendra 10 fois 2 fois 6 ou 20 fois 6 ou 4 fois 5 fois 6 ; le produit sera donc bien rendu 2 fois 2 ou 4 fois plus grand.

Il suit de là que

61. — Si l'un des facteurs ou tous les deux sont terminés par des zéros, on multiplie sans faire attention à ces zéros, et, quand l'opération est faite, on écrit à la droite du produit autant de zéros qu'il y en a sur la droite des deux facteurs.

62. — REMARQUE. — *Multiplier un nombre par* 10, 100, 1000,... *c'est le rendre* 10, 100, 1000,... *fois plus grand.*

Pour effectuer la multiplication dans ce cas, on se sert des moyens indiqués nos 34 et 35.

Preuve de la multiplication.

63. — *Pour faire la preuve d'une multiplication,* on recommence l'opération en changeant l'ordre des facteurs. Si les opérations sont bien faites, elles donnent le même produit (*).

(*) Cette manière d'opérer résulte de ce principe (*Supplém.* n° 17) :
On ne change pas la valeur d'un produit en changeant l'ordre de ses facteurs.
Ainsi 5×4 donne le même produit que 4×5.

On peut aussi faire la preuve de la multiplication en doublant, triplant, etc., le multiplicande, et prenant la moitié, le tiers, etc., du multiplicateur, ou réciproquement. — Ceci résulte du n° 60, 2°.

Preuve par 9.

84. — Pour faire la preuve par 9, on commence par tracer deux lignes qui se coupent sous la forme d'un X ; cela fait, 1° on additionne les chiffres du multiplicande en retranchant 9 à mesure qu'il se trouve dans la somme, et on écrit à la fin le reste dans l'angle supérieur de l'X ; — 2° on additionne de même les chiffres du multiplicateur et on écrit le reste dans l'angle inférieur ; 3° on multiplie un reste par l'autre, on retranche du produit les 9 qu'il contient, et on écrit le reste dans l'angle de gauche ; — 4° enfin on additionne les chiffres du produit comme on a additionné ceux des facteurs, et on écrit le reste dans l'angle de droite. Si l'opération est bien faite, les deux restes écrits l'un à gauche et l'autre à droite sont les mêmes.

$$482$$
$$627$$
$$\overline{3374}$$
$$964$$
$$2892$$
$$\overline{302214}$$

(Pour la théorie, v. *Supplém.*, p. 14.)

Multiplication des nombres décimaux,

Soit à multiplier 4^{fr},25 par 37.

65. — *On fait la multiplication des nombres décimaux* sans faire attention aux virgules, et, quand l'opération est faite, on sépare sur la droite du produit autant de chiffres décimaux qu'il y en a dans les deux facteurs.

$$4^{fr},25$$
$$3\ ,7$$
$$\overline{2975}$$
$$1275$$
$$\overline{15^{fr},725}$$

EXPLICATION. — En supprimant la virgule du multiplicande, je le rends 100 fois plus grand ; en supprimant celle du multiplicateur, je le rends 10 fois plus grand ; le produit est donc rendu 100 fois 10 fois ou 1000 fois trop grand (EXPL. n° 60, 3°) ; je le ramène à sa juste valeur en séparant 3 chiffres sur sa droite.

Soit à multiplier 0^{fr},504 par 0,025.

66. — Si le produit n'avait pas autant de chiffres qu'il y a de décimales dans les deux facteurs, on écrirait · à gauche assez de zéros pour que l'on pût séparer le nombre de décimales voulu.

$$0^{fr},504$$
$$0\ ,025$$
$$\overline{2520}$$
$$1008$$
$$\overline{0^{fr},012600}$$

Exercices sur la multiplication.

Ne pas oublier que l'on ne doit passer aux exercices suivants que lorsque les enfants savent parfaitement la table de multiplication et qu'ils sont familiarisés avec les exercices oraux qu'elle comporte. (Voir 1ers *Exerc.*, pages 24-25-26.)
Le maître expliquera oralement la manière d'opérer.

220. —	34 *fr.*	×	2
221. —	184	×	4
222. —	1 278	×	5
223. —	7 140	×	3
224. —	27 015	×	4
225. —	80 075	×	6
226. —	32 934	×	7
227. —	54 087	×	8
228. —	74 845	×	9

229. —	452 mètr. ×	28
230. —	675 ×	45
231. —	897 ×	56
232. —	1 423 ×	32
233. —	7 526 ×	41
234. —	5 438 ×	35
235. —	2 564 ×	24
236. —	689 ×	543
237. —	8 451 ×	627
238. —	988 ×	472
239. —	5 482 ×	546
240. —	2 934 ×	325
241. —	887 ×	764
242. —	1 276 ×	635
243. —	938 ×	172
244. —	1 807 ×	2 073
245. —	6 784 ×	289
246. —	39 076 ×	7 298
247. —	6 748 litres. ×	6 584
248. —	8 960 ×	3 764
249. —	8 877 ×	9 336
250. —	23 789 ×	68 745
251. —	9 978 ×	8 976
252. —	25 506 ×	9 875
253. —	320 060 ×	280 054
254. —	26 500 ×	170 800
255. —	3 936 ×	7 896
256. —	8 976 ×	6 789
257. —	74 082 ×	6 789
258. —	5 498 ×	8 709
259. —	8 769 ×	59 084
260. —	6 798 ×	8 597
261. —	38 730 ×	7 956
262. —	98 765 ×	86 497
263. —	67 408 ×	1 947
264. —	33 704 gram. ×	5 894
265. —	58 370 ×	9 869
266. —	64 987 ×	74 968
267. —	47 085 ×	62 076
268. —	27 996 ×	64 809
269. —	13 998 ×	129 618
270. —	72 908 ×	64 590
271. —	54 890 ×	98 076
272. —	67 809 ×	87 986
273. —	135 618 ×	43 993
274. —	7 690 580 ×	53 980
275. —	456 789 ×	987 654
276. —	9 208 706 ×	6 509 087
277. —	4 804 353 ×	6 509 087

Nombres terminés par des zéros (n° 61).

278. —	93 700 *fr.*	×	2 705
279. —	684 050	×	3 270
280. —	320 090	×	5 260
281. —	83 760	×	2 500
282. —	620 850	×	4 750
283. —	280 700	×	12 005
284. —	5 400	×	6 700
285. —	87 900	×	98 000
286. —	694 500	×	984 500
287. —	256 700	×	2 987
288. —	184 560	×	384 600
289. —	54 878	×	9 760

Nombres décimaux.

290. —	81 fr. 55	×	37
291. —	74 ,35	×	975
292. —	6 ,840	×	367
293. —	784 ,	×	2,65
294. —	1 568 ,	×	1,375
295. —	163 ,3	×	18,5
296. —	148 ,7	×	487,5
297. —	7 625 ,	×	45,6
298. —	680 ,05	×	249
299. —	272 ,02	×	124,5
300. —	43 ,85	×	876,5
301. —	21 ,925	×	3 505
302. —	64 ,09	×	8,0075
303. —	0 ,648	×	384
304. —	2 592 m.	×	1,92
305. —	784 ,5	×	3 486
306. —	1 743 ,	×	784,5
307. —	3 ,28	×	0,08
308. —	0 ,0948	×	2,49
309. —	0 ,0474	×	1,245
310. —	2 ,486	×	0,054
311. —	4 ,972	×	0,108
312. —	1 ,496	×	0,001375
313. —	0 ,748	×	0,00275
314. —	0 ,496	×	7 693
315. —	426 ,005	×	7,301
316. —	0 ,00548	×	0,00752
317. —	0 ,000990	×	318,5
318. —	0 ,00376	×	0,00548
319. —	0 ,75	×	9

320. —	0,00375ᵐ.	×	45,
321. —	83 litres	×	0,003906
322. —	41,5	×	0,001953
323. —	7,82	×	0,3456
324. —	0,3456	×	3,91
325. —	342,857	×	2,45
326. —	0,0097	×	0,01087
327. —	0,0526	×	0,007048
328. —	34,86	×	8 451,
329. —	0,001	×	0,000
330. —	0,1	×	0 1

Problèmes sur la multiplication.

67. — *Pour résoudre un problème, on fait une multiplication quand il s'agit de répéter un nombre plusieurs fois.* Par exemple, quand on connaît le prix d'un mètre, on trouve le prix de plusieurs mètres par une multiplication.

[Il importe qu'avant de passer aux problèmes sur la multiplication, les élèves soient exercés à résoudre de vive voix des questions du genre de celles-ci:

1° Si Paul gagne 7 bons points par jour, combien en gagnera-t-il dans les 5 jours d'école de la semaine ?

2° Quand le mètre de toile vaut 2 fr., combien paye-t-on pour 8 mètres ?

3° Le litre de cidre vaut 20 cent., combien vaut le double litre ?

4° Il y a 8 tables dans la classe, et 9 élèves à chaque table ; combien d'élèves dans toutes les tables ?] Voir *Premiers Exercices*, page 29.

331. — Le mètre de drap vaut 16 fr. ; trouvez le prix de 7 mètres de ce drap.

332. — Un ouvrier gagne 15 fr. par semaine; combien gagne-t-il en six semaines?

333. — Lorsqu'un stère de bois vaut 16 fr., quel est le prix de 12 stères?

334. — Un commis reçoit 125 fr. par mois ; combien reçoit-il dans l'année?

335. — L'année étant de 365 jours, combien un enfant âgé de 12 ans a-t-il vécu de jours?

336. — Une famille dépense 7 fr. 50 par jour, combien dépense-t-elle dans l'année?

337. — Combien y a-t-il de litres de cidre dans 9 tonneaux qui en contiennent chacun 1 450 litres?

338. — On a acheté une pièce de terre de 46 ares à raison de 35 fr. l'are; quel est le prix de cette pièce?

339. — Quel est le prix d'un tonneau de cidre de 1 600 litres à raison de 0 fr. 15 le litre?

340. — Une chemise coûte 4 fr. 25 ; quel est le prix de 3 douzaines de ces chemises?

DIVISION.

Quand je dis en 8 combien de fois 4, il y est 2, je fais une **division** ; donc

68. — La *division* est une opération par laquelle on cherche combien de fois un nombre appelé *dividende* en contient un autre appelé *diviseur*.

Le résultat de la division se nomme *quotient* (combien de fois).

On peut dire aussi :

69. — La *division* est une opération par laquelle on partage un nombre appelé *dividende* en autant de parties égales que l'indique un autre nombre appelé *diviseur*.

On dit encore :

70. — La *division* est une opération par laquelle, connaissant un produit de deux facteurs et l'un des facteurs, on trouve l'autre.

Ou, ce qui revient au même

La *division* est une opération par laquelle on cherche un nombre appelé *quotient* qui, étant multiplié par un nombre donné appelé *diviseur*, reproduit un troisième nombre donné appelé *dividende*.

La division des nombres entiers présente deux cas.

1ᵉʳ CAS. — Le diviseur n'ayant qu'un seul chiffre.

Soit à diviser 873 fr. par 3 (*).

71. — Pour diviser un nombre par 2, 3, 4..., on prend la moitié, le tiers, le quart... de ce nombre (**).

$$\frac{873^{fr.}}{3}=291^{fr.}$$

Dans l'exemple ci-dessus, on dit : le tiers de 8 est 2 pour 6, reste 2 centaines qui font 20 dizaines plus les 7 dizaines du nombre font 27 dizaines dont le tiers est 9 ; enfin le tiers de 3 unités est 1 unité. Le quotient est donc 291, puisqu'il exprime le tiers de chacune des parties du dividende.

Au lieu de 873, si l'on avait eu à diviser 1873, on aurait commencé par prendre le tiers de 18.

2ᵉ CAS. — Le diviseur ayant plusieurs chiffres.

Soit à diviser 3968 fr. par 32.

72. — RÈGLE. — *Pour faire une division*, on écrit le dividende, et, à sa droite, le diviseur, en les séparant par un trait vertical ; puis on souligne le diviseur, au-dessous duquel on devra écrire les chiffres du quotient.

$$\begin{array}{r|l} 3968^{fr.} & 32 \\ 76 & \overline{124^{fr}} \\ 128 & \\ (0) & \end{array}$$

On prend ensuite sur la gauche du dividende assez de chiffres pour contenir le diviseur ; — on cherche combien ce premier dividende partiel contient de fois le diviseur, et on écrit le chiffre au quotient ; — on multiplie le diviseur par ce chiffre et on retranche le pro-

---

(*) Pour indiquer une division, on place le dividende au-dessus d'un trait horizontal et le diviseur au-dessous : $\frac{873}{3}$; ou bien on place 2 points entre le dividende et le diviseur : 873 : 3.

(**) Quand un objet ou un nombre est divisé en 2 parties, chaque partie en est la moitié ; s'il est divisé en 3 parties, chaque partie en est le tiers.

duit du premier dividende partiel ; — on obtient ainsi un premier reste à droite duquel on abaisse le chiffre suivant du dividende, ce qui donne un second dividende partiel sur lequel on opère comme sur le premier, et l'on continue ainsi jusqu'à ce que tous les chiffres du dividende aient été abaissés.

EXPLICATION. — Diviser 3968 par 32, c'est chercher combien de fois 3968 contient 32. Pour cela, il suffit de chercher combien de fois les différentes parties du dividende (mille, centaines, dizaines, unités) contiennent le diviseur. Or, 3968 se compose de 3 *mille* + 9 *centaines* × 6 *dizaines* + 8 *unités* (fr.). Le chiffre des mille 3, ne contenant pas 32, je le joins aux 9 centaines, ce qui donne 39 centaines, et je dis : 39 unités contiendraient 32 *une fois*, donc 39 centaines (c'est-à-dire 100 fois plus que 39 unités) contiennent 32 *une centaine* de fois, et il reste 7 centaines. Ces 7 centaines ajoutées aux 6 dizaines qui suivent donnent 76 dizaines : 76 dizaines contiennent 32 *deux dizaines* de fois, et il reste 12 dizaines qui, ajoutées aux 8 unités suivantes, donnent 128 unités, lesquelles contiennent 32 *quatre fois* exactement. Le quotient est donc 1 centaine × 2 dizaines + 4 unités, c'est-à-dire 124.

NOTA. Lorsque, comme ci-dessus, la division se fait sans reste, on dit qu'elle se fait exactement ou que le quotient est entier. Mais si, au lieu de diviser 3968, on avait divisé 3972, il serait évidemment resté 4 unités. Alors on eût opéré comme il est dit au n° 77. — On pourrait aussi dire : il reste 4 unités, or 1 unité divisée par 32 donne 1 trente-deuxième, 4 unités donnent donc 4 trente-deuxièmes (qui s'écrivent $\frac{4}{32}$), et le quotient complet est 128 $\frac{4}{32}$. (V. *Supplém.*, page 9, la théorie générale.)

73. — 1re REMARQUE. — Pour trouver combien de fois un dividende partiel contient le diviseur, on cherche combien de fois le premier ou les deux premiers chiffres de ce dividende contiennent le premier chiffre du diviseur. (V. Rem., p. 33, ligne 36.)

74. — 2e REMARQUE. — On reconnaît qu'un chiffre placé au quotient est *trop fort* lorsque la soustraction ne peut s'effectuer.

On reconnaît qu'un chiffre placé au quotient est *trop faible* quand, une fois la soustraction faite, le reste n'est pas plus petit que le diviseur. — Donc

75. — Un chiffre placé au quotient est *exact* lorsque la division peut s'effectuer et que le reste est plus petit que le diviseur.

76. — 3e REMARQUE. — Chaque fois qu'on abaisse un chiffre du dividende, on doit poser un chiffre au quotient. Si donc, après avoir abaissé un chiffre du dividende à droite d'un reste, le dividende partiel ne contenait pas le diviseur, il faudrait écrire zéro au quotient et abaisser ensuite le chiffre suivant du dividende (*).

Manière d'opérer quand la division donne un reste.

77. — *Si la division donne un reste*, on place une virgule au quotient ; puis on écrit un zéro à droite du reste, que l'on convertit ainsi en dixièmes qui, divisés par le diviseur, donnent un chiffre de *dixièmes*, que l'on place au quotient. S'il y a encore un reste, en écrivant à sa droite un nouveau zéro, on obtient les *centièmes* du quotient, et ainsi de suite pour les *millièmes*, les *dix-millièmes*, etc.

(*) Il doit y avoir au quotient autant de chiffres plus un qu'il en reste à abaisser dans le dividende lorsque le premier chiffre du quotient est trouvé.

Manière d'opérer
quand le dividende est plus petit que le diviseur.

78. — *Pour faire la division lorsque le dividende est plus petit que le diviseur*, on opère sur le dividende comme sur le reste d'une division pour obtenir des *dixièmes*, des *centièmes*, etc. — Ou bien :

On écrit à la droite du diviseur autant de zéros que l'on veut avoir de chiffres décimaux au quotient, puis on opère comme pour les nombres entiers, et, quand l'opération est terminée, on sépare sur la droite du quotient autant de chiffres décimaux qu'on a écrit de zéros au dividende.

EXPLICATION. — Si, par exemple, on écrit 3 zéros à la droite du nombre, on le convertira en millièmes ; par suite, le quotient sera exprimé en millièmes, et c'est pour cela que l'on sépare trois chiffres

Ce que devient le quotient quand on multiplie ou qu'on divise le dividende ou le diviseur.

79.—Lorsqu'on *multiplie* le *dividende* par 2, 3, 4..., le *quotient* est aussi *multiplié* par 2, 3, 4..., c'est-à-dire qu'il est rendu 2, 3, 4... fois *plus grand*.

EXPL. — En effet, le dividende rendu 2, 3 ou 4 fois plus grand contiendra le diviseur 2, 3 ou 4 fois plus de fois ; le quotient sera donc bien rendu 2, 3 ou 4 fois plus grand.

80. — Lorsqu'on *divise* le *dividende* par 2, 3, 4..., le *quotient* est aussi divisé par 2, 3, 4..., c'est-à-dire qu'il est rendu 2, 3, 4... fois *plus petit*.

Explication semblable à la précédente.

81. — Lorsqu'on *multiplie* le *diviseur* par 2, 3, 4..., le *quotient* est *divisé* par 2, 3, 4..., ou rendu 2, 3, 4... fois *plus petit*.

EXPL. — En effet, le diviseur rendu 2, 3 ou 4 fois plus grand sera contenu 2, 3 ou 4 fois moins de fois dans le dividente ; le quotient sera donc rendu 2, 3 ou 4 fois plus petit.

82. — Lorsqu'on *divise* le *diviseur* par 2, 3, 4..., le *quotient* est *multiplié* par 2, 3, 4..., ou rendu 2, 3, 4 fois *plus grand*.

Explication semblable à la précédente.

Mais

83. — Lorsqu'on multiplie et qu'on divise à la fois le dividende et le diviseur par le même nombre, le quotient reste toujours le même.

Car, si, d'un côté, le quotient a été rendu 3 ou 4 fois plus grand, de l'autre, il est devenu 3 ou 4 fois plus petit.

Il suit de ce dernier principe que

84. — Lorsque le dividende et le diviseur sont *terminés par des zéros*, on peut, sans changer la valeur du quotient, en supprimer un égal nombre sur la droite de l'un et de l'autre.

85. — REMARQUE. — *Diviser un nombre par* 10, 100, 1000, c'est rendre ce nombre 10, 100, 1000... fois plus petit.

Pour effectuer la division dans ce cas, on suit les procédés indiqués r.**os** 36,37.

86. — *Pour faire la preuve de la division,* on multiplie le diviseur par le quotient; on ajoute le reste, quand il y en a un, et l'on doit retrouver le dividende si l'opération est bien faite.

En effet, le diviseur et le quotient sont les facteurs du dividende (n° 70).

Division des nombres décimaux.

Soit à diviser 253^{fr},75 par 7,25.

87. — *Pour faire la division des nombres décimaux,*
1° Lorsque le nombre de chiffres décimaux est le même dans le dividende et le diviseur, on supprime la virgule dans les deux nombres et l'on divise comme dans les nombres entiers.

$$253^{fr},75 : 7,25$$

253 75	7 25
36 25	35^{fr}
0 00	

Soit à diviser 74^{fr},5 par 0,25.

2° Lorsque le dividende et le diviseur n'ont pas le même nombre de chiffres décimaux, on écrit à la droite de celui qui en a le moins assez de zéros pour qu'il en ait autant que l'autre : alors on supprime la virgule et l'on opère comme dans les nombres entiers.

$$74^{fr},5 : 0,25$$

74 50	0 25
24 5	298^{fr}
2 00	
00	

Voici une autre règle qui abrége les calculs et s'applique à tous les cas :

87 *bis.* — *Pour faire la division des nombres décimaux,* on supprime la virgule du diviseur et on déplace celle du dividende d'autant de rangs vers la droite qu'il y avait de chiffres décimaux dans le diviseur ; on opère comme dans les nombres entiers, et lorsqu'on arrive à la virgule du dividende on la met au quotient.

EXPLICATION. — En supprimant la virgule dans le dividende et dans le diviseur ou en la déplaçant d'autant de rangs dans l'un et dans l'autre, on les multiplie par le même nombre et le quotient reste le même (n° 83).

Exercices sur la division.

[Avant de passer aux divisions proprement dites, les élèves doivent savoir trouver de tête la moitié, le tiers, le quart, etc. des nombres de un et de deux chiffres et répondre sans hésiter à toutes les questions du genre de celles que l'on trouve dans nos *Premiers exercices*, pages 30, 31, 32.

Le maître expliquera la manière d'opérer.

Il importe, en outre, de remarquer la gradation des exercices suivants : du n° 349 au n° 390, les chiffres du quotient se trouvent en se servant du 1er chiffre du diviseur (remarque n°73) ; il en est de même du n° 390 au n° 400, mais le deuxième chiffre du diviseur étant 8 ou 9, on augmente de 1 le premier chiffre.]

341. —	$\dfrac{3\ 458\ fr.}{2}$		345. —	$\dfrac{74\ 526\ fr.}{6}$
342. —	$\dfrac{6\ 456\ fr.}{3}$		346. —	$\dfrac{52\ 381\ fr.}{7}$
343. —	$\dfrac{9\ 724\ fr.}{4}$		347. —	$\dfrac{65\ 400\ fr.}{8}$
344. —	$\dfrac{25\ 605\ fr.}{5}$		348. —	$\dfrac{8\ 408\ fr.}{9}$

349. —	$\dfrac{54\ 380\ fr.}{20}$		**363.** —	$\dfrac{107\ 406\ fr.}{51}$
350. —	$\dfrac{64\ 080\ fr.}{30}$		**364.** —	$\dfrac{61\ 008\ fr.}{12}$
351. —	$\dfrac{87\ 620\ fr.}{52}$		**365.** —	$\dfrac{392\ 860\ fr.}{13}$
352. —	$\dfrac{135\ 240\ fr.}{60}$		**366.** —	$\dfrac{980\ 160\ fr.}{32}$
353. —	$\dfrac{27\ 636\ fr.}{21}$		**367.** —	$\dfrac{578\ 170\ fr.}{34}$
354. —	$\dfrac{45\ 952\ fr}{32}$		**368.** —	$\dfrac{45\ 684\ fr.}{81}$
355. —	$\dfrac{10\ 535\ fr.}{43}$		**369.** —	$\dfrac{60\ 168\ fr.}{92}$
356. —	$\dfrac{67\ 456\ fr.}{31}$		**370.** —	$\dfrac{286\ 433\ fr.}{83}$
357. —	$\dfrac{96\ 516\ fr.}{63}$		**371.** —	$\dfrac{968\ 760\ fr.}{104}$
358. —	$\dfrac{59\ 042\ fr.}{53}$		**372.** —	$\dfrac{380\ 730\ fr.}{210}$
359. —	$\dfrac{13\ 410\ fr.}{90}$		**373.** —	$\dfrac{8\ 945\ 118\ fr.}{819}$
360. —	$\dfrac{24\ 921\ fr.}{71}$		**374.** —	$\dfrac{3\ 446\ 322\ fr.}{517}$
361. —	$\dfrac{36\ 654\ fr.}{82}$		**375.** —	$\dfrac{9\ 132\ 186\ fr.}{721}$
362. —	$\dfrac{672\ 038\ fr.}{73}$		**376.** —	$\dfrac{548\ 600\ fr.}{325}$

Observation. — Dans les exercices suivants, lorsqu'il y aura un reste, l'élève trouvera les décimales du quotient jusqu'aux millièmes, à moins qu'il ne reste zéro dès le chiffre des dixièmes ou celui des centièmes.

377. —	5 469	*mèt.*	:	8
378. —	784	*mèt.*	:	9
379. —	57 855	*lit.*	:	12
380. —	54 825	*pommes.*	:	34
381. —	748 450	*noix.*	:	25
382. —	754 720	*œufs.*	:	80
383. —	54 841	*mèt.*	:	31
384. —	945 678	*mèt.*	:	63
385. —	6 532 184	*fr.*	:	92
386. —	945 678	*mèt.*	:	630
387. —	27 481 356	*mèt.*	:	913
388. —	421 199	*lit.*	:	92
389. —	66 825 050	*fr.*	:	835
390. —	72 008	*mèt.*	:	19
391. —	640 240	*mèt.*	:	18
392. —	745 280	*mèt*	:	29

393. —	845 627 *mèt.* :	39
394. —	156 408 *fr* :	28
395. —	200 426 *mèt.* :	38
396. —	6 679 925 *œufs* :	49
397. —	346 038 *mèt.* :	48
398. —	5 299 889 *mèt.* :	99
399. —	9 064 928 *mèt.* :	189
400. —	845 600 705 *mèt.* :	999
401. —	134 548 *fr.* :	16
402. —	197 456 *noix* :	14
403. —	28 762 215 *fr.* :	15
404. —	2 680 240 *lit.* :	64
405. —	5 486 820 *mèt.* :	129
406. —	1 548 924 *mèt.* :	841
407. —	2 748 768 *lit.* :	548
408. —	27 450 141 *fr.* :	964
409. —	64 507 476 *mèt.* :	156
410. —	41 005 650 *lit.* :	1 715
411. —	19 455 392 *fr.* :	2 432
412. —	86 882 261 *lit.* :	6 708
413. —	17 456 709 *mèt.* :	2 432
414. —	78 456 078 *mèt.* :	8 709
415. —	845 608 056 *mèt.* :	8 395
416. —	2 456 816 700 *mèt.* :	30 951
417. —	1 814 392 764 *fr.* :	129 618
418. —	5 621 662 900 *lit.* :	74 968
419. —	1 814 399 433 *mèt.* :	27 996
420. —	4 709 160 015 *lit.* :	64 590
421. —	5 487 645 609 *mèt.* :	154 908
422. —	59 940 273 115 785 *mèt.* :	9 208 106

Nombres terminés par des zéros (N° 84).

423. —	4 567 500 *fr.* :	700
424. —	32 456 000 *mèt.* :	7 100
425. —	94 000 540 *mèt.* :	84 000
426. —	524 250 000 *lit.* :	750 000
427. —	90 000 000 *mèt.* :	45 090 000
428. —	8 400 070 000 :	7 000 500 000
429. —	949 900 000 600 :	74 000 050

Dividende plus petit que le diviseur (N° 78).

430. —	16 *fr.* :	25
431. —	111 *mèt.* :	125
432. —	63 *mèt.* :	64
433. —	4 526 *mèt.* :	5200
434. —	94 *mèt.* :	1215
435. —	654 *mèt.* :	9210
436. —	3 486 *fr.* :	13944
437. —	1 100 *mèt.* :	14254
438. —	84 945 *lit.* :	169890
439. —	281 *mèt.* :	54673
440. —	345 676 *mèt.* :	2765408

Nombres décimaux.

441. —	5 *fr.* 6	:	0,8
442. —	457,2	:	1,2
443. —	643,8	:	5,3
444. —	1 542,6	:	9,6
445. —	770,4	:	4,8
446. —	784,05	:	0,71
447. —	1 840,50	:	1,25
448. —	24,54	:	0,27
449. —	92,80	:	3,25
450. —	1 608,75	:	82,50
451. —	412,50	:	9,15
452. —	634,52	:	0,58
453. —	1,708	:	0,025
454. —	0,436	:	0,176
455. —	54,246	:	0,125
456. —	2,4584	:	0,0025
457. —	1 540,608	:	38,40
458. —	1 715,25	:	34,20
459. —	64,296	:	7,2
460. —	210,38	:	13,4
461. —	4,845	:	1,9
462. —	35,175	:	17,5
463. —	54,825	:	2,45
464. —	84,725	:	9,75
465. —	456,850	:	12,5
466. —	136,875	:	42,6
467. —	5 216,02	:	41
468. —	7 673^{ml},4	:	52
469. —	673,20	:	18
470. —	486,525	:	104
471. —	7 456,05	:	315
472. —	14 912,1	:	63
473. —	3 139,245	:	248
474. —	45	:	0,18
475. —	17	:	24,2
476. —	840	:	2,45
477. —	225	:	54,8
478. —	2 156	:	1,375
479. —	347 700	:	45,6
480. —	34,6	:	1,45
481. —	146,80	:	74,6
482. —	245	:	1,24
483. —	849	:	0,0056
484. —	0,5248	:	0,32
485. —	150	:	74,4
486. —	0,315315	:	318,5
487. —	3 264	:	0,625
488. —	224,9540	:	54,8
489. —	839,99965	:	2,45
490. —	0,315315	:	637,
491. —	637	:	0,315315

492. —	0,0810495	:	0,001953
493. —	0,01 *litre.*	:	0,01
494. —	0,001	:	0,01
495. —	0,002	:	0,0002
496. —	0,6	:	0,06
497. —	0,5	:	5
498. —	0,004	:	0,0002
499. —	5	:	0,025
500. —	0,0001	:	0,01
501. —	0,7	:	70
502. —	0,05	:	0,0017
503. —	0,0007	:	14
504. —	36 *gram.*	:	0,00045
505. —	0,1	:	0,0001
506. —	0,162199	:	0,001953
507. —	0,16875	:	0,00375
508. —	1,378028	:	148
509. —	0,0003707248	:	0,007048
510. —	0,01087	:	0,000105439
511. —	1,377880	:	29,6
512. —	0,689014	:	74
513. —	54,3452	:	105
514. —	0,315315	:	0,00495
515. —	2 540	:	65,8

Problèmes sur la division.

88. — *On fait une division pour résoudre un problème :*
1° Quand il faut trouver combien de fois un nombre en contient un autre;

2° Quand il faut partager un nombre en plusieurs parties égales, par exemple, une somme entre plusieurs personnes. — (Si l'on connaît le prix de plusieurs mètres, on trouve le prix d'un mètre seul par une division.)

3° Quand on cherche l'un des facteurs d'un produit connaissant ce produit et l'autre facteur.

[Avant de faire faire les problèmes sur la division, il faut exercer les élèves à résoudre oralement des questions de ce genre :
1° Combien faut-il de pièces de 2 fr. pour faire 10 fr. ?
2° Six enfants doivent se partager 42 pommes ; combien chacun d'eux aura-t-il de pommes ?
3° 4 mètres de marchandises ont coûté 12 fr. ; quel est le prix du mètre ?
4° Quel est le nombre qui, étant multiplié par 6, donne 30 au produit ?]
Voir *Premiers exercices*, page 36.

516. — Combien faut-il de pièces de 5 fr. pour faire un sac de 1000 fr. ?

517. — Un homme qui dépense 14 fr. par semaine veut savoir en combien de semaines il dépensera 728 fr.

518. — Partagez 720 fr. entre six personnes et dites la part qui revient à chaque personne.

519. — Sept mètres de drap viennent d'être payés 112 fr.; combien est-ce le mètre?

520. — Un ouvrier a gagné 105 fr. en quinze jours; combien a-t-il gagné par jour?

521. — Une pièce de 5 fr. pèse 25 grammes; combien y a-t-il de ces pièces dans une somme qui pèse 2725 grammes?

522. — Quelqu'un possède un revenu annuel de 1460 fr.; combien peut-il dépenser par jour, l'année étant de 365 jours?

523. — A raison de 17 fr. le mètre, combien aura-t-on de mètres pour 357 fr.?

524. — Donnez-moi la douzième partie de 306 fr.

525. — Combien, avec 306 fr., peut-on acheter de mètres de drap à 12 fr. 75 le mètre?

526. — Vingt-trois pêcheurs ont à se partager une somme de 8450 fr.; dites la part de chacun.

527. — Par quel nombre a-t-on multiplié 24 pour trouver au produit 936?

Exercices de calcul mental.

[La solution des problèmes offre souvent de grandes difficultés aux commençants; le moyen qui nous a le mieux réussi pour vaincre ces difficultés consiste à calquer sur l'énoncé du problème une question que les enfants puissent résoudre à l'instant par le calcul mental. En voici quelques exemples appropriés aux problèmes nᵒˢ 528 et suivants. Le maître pourra très utilement appliquer ce procédé à toute la série; il pourra même obliger les élèves à calquer eux-mêmes la question sur le problème en employant de petits nombres. Il importe, en outre, de faciliter aux enfants la parfaite intelligence des énoncés, en donnant tous les développements qu'ils comportent et en adressant aux élèves un grand nombre de questions analogues à celles que l'on trouvera à la suite de quelques problèmes.]

1° — Une personne me doit 8 fr. et une autre 3 fr.; si elles me payent, quelle somme recevrai-je?

2° — Quelqu'un doit 6 fr. à son boulanger, 8 fr. à son boucher, 5 fr. à son tailleur, 7 fr. à son bottier, que doit-il en tout?

3° — Un homme en mourant a donné 200 fr. aux pauvres et 1800 fr. pour des fondations pieuses; que reste-t-il à ses héritiers sachant que sa fortune est de 8000 fr.?

4° — J'avais 15 billes, j'en ai perdu 4, puis j'en ai gagné 7, enfin j'en ai donné 6; combien ai-je de billes après cela?

5° — Un enfant reçoit 2 fr. de son papa tous les mois, combien reçoit-il par an?

6° — Cinq paniers pleins de pommes en contiennent chacun 2 douzaines, quel est le nombre total des pommes contenues dans les cinq paniers?

7° — 4 ouvriers ont travaillé pendant 3 jours à raison de 2 fr. par jour pour chaque ouvrier; quelle somme faut-il pour les payer tous?

8° — Partagez entre 4 pêcheurs le prix de 2 barils de harengs à raison de 24 fr. le baril.

Problèmes sur l'addition, la soustraction, la multipli-
cation et la division.

528. — Une personne me doit 78 fr. et une autre 105 fr. 80 ; si elles me paient, quelle somme recevrai-je ?

529. — Quelqu'un doit 45 fr. à son boulanger, 18 fr. 25 à son boucher, 30 fr. à son tailleur, et enfin 18 fr. 75 à son bottier ; on demande ce qu'il doit en tout.

530. — Un homme, en mourant, a donné 5400 fr. aux pauvres et 12045 fr. pour des fondations pieuses ; que reste-t-il à ses héritiers, sachant que sa fortune est de 87645 fr. ?

531. — J'avais 156 fr. 40, j'ai perdu 54 fr. 60, j'ai gagné 157 fr., et enfin j'ai payé 165 fr. 45 que je devais ; dites ce que je possède.

532. — Un domestique reçoit 36 fr. par mois ; combien gagne-t-il par an ?

533. — Cinq paniers pleins de pommes en contiennent chacun 8 douzaines ; quel est le nombre total des pommes contenues dans les 5 paniers ?

534. — 28 ouvriers ont travaillé pendant 12 jours à raison de 2 fr. 25 par jour pour chaque ouvrier ; quelle somme faut-il pour les payer tous ?

535. — Partagez entre 17 pêcheurs le prix de 64 barils de harengs, à raison de 34 fr. le baril.

536. — On a récolté 3,000 bottes de foin et l'on en a déjà vendu 1250 ; combien en reste-t-il encore à vendre ?

Exercice oral. — Combien 3 mille font-ils de cents ? et 1250 ? si de 30 cents on ôte 12 cents et demi, que reste-t-il ?

537. — Un bateau armé pour la pêche du maquereau en a pris 42000 ; quel est le prix de cette pêche à raison de 0 fr. 23 chaque maquereau ?

A 0 fr. 23 le poisson, combien la dizaine ? le cent ? le mille ?

538. — Un maître emploie 84 ouvriers dont 26 sont payés 2 fr. par jour ; 30, 1 fr. 75, et les autres, 1 fr. 50 ; à combien s'élève par jour le salaire de tous ces ouvriers ?

539. — Un marchand a acheté une pièce de drap de 47 m. 20, à raison de 16 fr. 50 le mètre ; il la revend 18 fr. 25 le mètre ; combien gagne-t-il ?

540. — Un marchand de vin en a acheté 1500 litres à raison de 0 fr. 35 le litre ; il les a revendus 0 fr. 45 le litre ; combien a-t-il gagné ?

Que gagne-t-on sur 1 litre ? sur 1500 litres ?

541. — Avec un hectolitre de blé qui coûtait 21 fr. 60, on a fait 12 pains de chacun 6 kilogrammes. A combien revient le kilogramme de ce pain ?

542. — A 45 fr. le mille de briques, combien est-ce le cent, la dizaine et la pièce ?

543. — Lorsqu'un objet revient à 0 fr. 15, combien est-ce la dizaine, le cent, le mille ?

Résoudre ces deux derniers problèmes de vive voix et par écrit.

544. — On veut savoir le poids de l'huile contenue dans un vase qui pèse vide 3 kil. 5, et 29 kil. quand il est rempli.

545. Une maison coûtait 6840 fr. ; combien l'a-t-on revendue, sachant qu'on a perdu 560 fr. 50?

546. — Quel est le prix de 18 kilogrammes de beurre à 1 fr. 10 le demi-kilogramme ?

Combien de demi-kilo pour faire un kilo ? A 1 fr. 10 le demi-kilo, comb. le kilo?

547. — Trois ouvriers se sont partagé une certaine somme : le 1er a reçu 90 fr. ; le second, 27 fr. de plus que le 1er, et le 3e, 8 fr. de plus que le second ; quelle est la somme partagée et la part de chacun?

548. — Un épicier reçoit cinq paniers de chacun 7 douzaines d'oranges ; quelle somme doit-il si chaque orange vaut 0 fr. 075?

549. — Un particulier a donné 150 fr. en espèces et un billet de 200 fr. ; on lui a rendu 7 fr. 25 ; combien devait-il ?

550. — On vient de me livrer 42 fagots à raison de 95 fr. le cent: combien dois-je payer?

A 95 fr. le cent, combien la pièce? combien la dizaine ? le mille ?

551. — Si l'on prend 1 fr. 75 pour la confection d'une chemise, combien en coûtera-t-il pour trois douzaines et demie?

Combien font 3 douzaines et demie ? 4 douzaines ? 6 douzaines et demie? etc.

552. — Un journalier me devait 17 fr. ; il m'a fait 7 journées de chacune 0 fr. 90; que me doit-il encore?

553. — Pour tapisser un appartement, on a employé 7 mains de papier gris à 0 fr. 55 la main, et 18 rouleaux de papier de tenture à 1 fr. 25 le rouleau; combien pour le tout ?

554. — Un tailleur m'a fait 7 journées de travail à 1 fr. 25 par journée ; il a fourni 2 m. 40 de doublure à 0 fr. 85 le mètre et une garniture de boutons de 2 fr. 25 ; combien dois-je lui payer pour le tout ?

555. — J'ai acheté 65 m. de toile à 1 fr. 75 le mètre et 13 mètres d'une autre toile à 2 fr. 15 le mètre ; combien dois-je payer ?

556. — Pour faire un tonneau de cidre, on a acheté 32 hectolitres de pommes à 1 fr. 75 l'hectolitre ; les frais de pressurage se montent à 12 fr. 25. On demande le prix du tonneau de cidre ainsi obtenu.

557. — Combien y a-t-il de lignes dans un volume de 375 pages, chaque page étant de 29 lignes?

558. — Quel est le prix de trois douzaines de fagots à 1 fr. 15 la pièce?

559. — Un ouvrier gagne 2 fr. 90 par jour; combien gagne-t-il en quatre semaines de chacune 6 jours?

560. — Quelqu'un offre une pièce de toile de 24 m. à 2 fr. 50 le mètre contre 5 m. d'un drap estimé 15 fr. le mètre ; combien doit-il payer en sus?

561. — 8 ouvriers travailleront chez moi toute la semaine ; je donne à chacun 1 fr. 45 par jour ; quelle somme me faudra-t-il pour les payer samedi soir?

562. — Je dois payer 2 paires de bas de chacune 1 fr. 85 et une paire de souliers de 8 fr. 50; quelle somme me faut-il ?

563. — Deux barriques de cidre, l'une de 260 litres et l'autre de 240, sont vendues à raison de 0 fr. 075 le litre, combien le tout ?

564. — Un individu dépense pour 0 fr. 05 de tabac par jour ; à combien se monte par an sa dépense pour cet objet ?

Combien de jours dans l'année ? dans un mois ?

565. —Combien aura-t-on de demi-kilogrammes de pain pour 18 fr. 25, si chaque kilogramme vaut 0 fr. 25 ?

Combien un kilo vaut-il de demi-kilos ? A 0 fr. 25 le kilo, comb. le demi-kilo ?

566. — Un cheval coûtait 415 fr. il y a un an ; on vient de le revendre 850 fr., combien gagne-t-on ?

567. — Quelqu'un a acheté un cadre 12 fr. 75 ; combien doit-il le revendre s'il veut gagner 3 fr. 40 ?

568. — Paul a reçu pour ses étrennes, de son oncle, 1 fr. 50 ; de sa tante, 1 fr. 25, de son parrain, 2 fr., et de son grand-père, 0 fr. 75 ; à combien se montent ses étrennes ?

569. — Un fonctionnaire reçoit 175 fr. tous les trois mois ; combien reçoit-il par an?

Combien de mois dans l'année ? combien de fois 3 mois ?

570. — Je paie 67 fr. de contributions ; déjà, j'ai versé au percepteur d'abord 32 fr. 50, puis 17 fr. ; combien dois-je encore ?

571. — Une petite ferme se compose d'un jardin de 15 ares ; de deux herbages de chacun 65 ares ; d'un pré de 42 ares ; d'une pièce en labour de 120 ares et d'une autre de 37 ares. On demande la superficie totale de la ferme, si les bâtiments et la cour occupent un espace de 10 ares.

572. — Une personne a eu 22 ans en 1849 : à quelle époque aura-t-elle 50 ans?

573. — L'église Notre-Dame de Paris fut commencée en 1162 ; combien faut-il encore attendre d'années, à partir de 1856, pour qu'elle ait 800 ans d'existence?

574. — Un employé a dépensé, dans l'année, 450 fr. pour sa nourriture et 125 fr. pour ses habits ; son logement lui coûte 15 fr. par mois ; ses dépenses payées, il lui reste 210 fr. ; quel est le montant de son traitement?

Combien coûte par an ce qui coûte 12 fr. par mois?

575. — Mon tailleur me présente son mémoire montant à 174 fr. 50 ; il se trouve qu'un pantalon de 29 fr. 50 et un gilet de 7 fr. 75 y figurent par erreur : à quelle somme se réduit ce mémoire ?

576. — Pour payer les gages d'un domestique pendant un an, on lui donne 3 pièces de 20 fr., 16 pièces de 5 fr. et 5 pièces de 2 fr. ; combien ce domestique gagne-t-il par an ?

Combien font 3 fois 20 ? 5 fois 16 ? 5 fois 2 ? total ?

577. — Un blâtier a acheté 35 sacs de grain de chacun deux hectolitres à raison de 18 fr. 75 l'hectolitre ; quelle somme lui faut-il pour payer cet achat ?

578. — On veut partager 760 fr. entre 30 personnes ; les 16 premières doivent avoir chacune 30 fr. ; les autres se partagent le reste. Dire ce qui revient à chacune.

579. — Un panier contenait 132 pommes : on en a vendu 7 douzaines et demie ; combien en reste-t-il ?

Combien font 7 douzaines ? et 7 douzaines et demie ?

580. — On m'a vendu une barrique de cidre de 430 litres à raison de 0 fr. 30 le double litre ; j'ai donné 35 fr. ; combien dois-je encore ?

Combien le double litre vaut-il de litres ? A 0 fr. 30 le double litre, comb. le litre ?

581. — Le pain vaut 0 fr. 35 le kilog. J'ai livré à un boulanger 85 fagots à 0 fr. 95 la pièce. Combien doit-il me fournir de kilog. de pain pour me payer ?

582. — Une personne a eu 26 ans en 1853 ; à quelle époque aura-t-elle 65 ans ?

583. — Une famille dépense par semaine pour 6 fr. 50 de pain ; pour 2 fr. 25 de viande ; pour 1 fr. 05 de cidre ; pour 0 fr. 75 de légumes et pour 3 fr. 15 d'autres objets. Quelle sera la dépense totale au bout de l'année ?

Combien de semaines dans l'année ?

584. — Un père laisse en mourant une fortune de 71350 fr. à partager entre ses 4 enfants ; combien revient-il à chacun ?

585. — On a payé 770 fr. à une troupe d'ouvriers qui ont reçu chacun 2 fr. 75. Quel est le nombre de ces ouvriers ?

586. — Il faut un décalitre de semence pour 3 ares de terrain ; combien en faudra-t-il pour ensemencer 144 ares ?

Combien y a-t-il de fois 3 en 144 ?

587. — Une rame de papier se compose de 20 mains et chaque main de 25 feuilles, combien y a-t-il de feuilles dans une rame ?

Combien font 10 fois 25 ? et 2 fois 10 ou 20 fois ?

588. — Un marchand m'a vendu 4 m. 15 de drap à 14 fr. 50 le mètre ; je lui ai fourni 17 kil. de beurre à 1 fr. 85 le kilog., combien dois-je encore au marchand ?

589. — Une maison neuve a 9 croisées de chacune 8 carreaux et 5 autres petites croisées de chacune 6 carreaux. Les grands carreaux valent 0 fr. 65 la pièce et les petits 0 fr. 45. Combien coûtera la vitrerie de cette maison ?

590. — Quel est le prix de trois douzaines et demie de fagots à 95 fr. le cent ?

591. — Sur la somme de 220 fr., 9 ouvriers ont pris chacun 12 fr. 50, combien 25 autres ouvriers auront-ils chacun en se partageant le reste ?

592. — Dites le prix de 17 paniers d'huîtres de chacun 13 douzaines à raison de 14 fr. 75 le mille ?

Combien font 13 fois 12 ou 13 douzaines ?

593. — J'ai acheté 27 planches de sapin de chacune 4 m. 25 de long à 0 fr. 80 le mètre, et 9 planches de chêne de chacune 3 m. 25 de long à 1 fr. 55 le mètre ; j'ai donné 80 fr. ; combien dois-je encore ?

594. — On a vendu 6 fr. 75 le mètre d'une étoffe qui ne coûtait que 5 fr. 90. On demande le bénéfice qu'on a fait sur une pièce de 36 mètres.

Que gagne-t-on lorsqu'on revend 6 fr. 75 ce qui ne coûtait que 5 fr. 90 ?

595. — Un ouvrage a été fait en 64 jours par 6 ouvriers qui travaillaient 11 heures par jour; combien un ouvrier eût-il employé d'heures pour faire seul cet ouvrage?

596. — Je dépense 1 fr. 25 par jour pour ma nourriture; 12 fr. par mois pour mon logement; 150 fr. par an pour mes habits; quelle sera ma dépense totale de l'année si je fais pour 45 fr. d'autres dépenses?

597. — 15 ouvriers ont travaillé pendant 5 semaines, les dimanches exceptés, à raison de 3 fr. 25 pour 5 d'entre eux, et de 2 fr. 75 pour les autres; quelle somme faut-il pour les payer tous?

598. — On paye 2812 fr. 50 pour 12500 bottes de foin; à combien revient la botte?

A 0 fr. 225 la botte, combien le mille? le cent?

599. — Partagez une somme de 12540 fr. entre 8 personnes.

Quel est le tiers de 12000? de 54? de 540?

600. — Un tonneau de cidre de 1500 litres coûte 95 fr. d'achat, 9 fr. 50 de droits et 8 fr. de transport; à combien revient le double litre?

601. — On propose de partager 7350 fr. en trois parts, de manière que la 2e soit de 925 fr. de moins que la 1re, laquelle doit être de 3000 fr., quelle sera la 3e?

602. — On a vendu 37 m. 5 de marchandise pour 618 fr. 75, et l'on a gagné 2 fr. par mètre; combien avait coûté le mètre de cette marchandise?

603. — Lorsque le pain vaut 0 fr. 55 le kilog., combien en aurait-on pour le prix de 16 kilog. de beurre à 2 fr. 20 le kilog.?

604. — On achète 56 fr. une caisse de savon qui pèse 72 kilog. 5; la caisse vide pèse 8 kilog. 5. A combien revient le kilog. de savon?

605. — Une personne dépense 3 fr. 50 par jour; en combien de mois dépensera-t-elle 630 fr.?

Combien compte-t-on de jours dans un mois? Combien font 30 fois 3 fr. 50?

606. — Une femme, en 9 jours, a fait 2 m. 45 de dentelle. On la lui a payée à raison de 4 fr. 75 le mètre; combien a-t-elle gagné par jour?

607. — Un marchand doit 500 fr. 25; combien doit-il vendre de mètres d'un drap qui vaut 14 fr. 50 le mètre pour acquitter sa dette?

608. — Un ouvrier a gagné 1027 fr. dans une année; combien a-t-il travaillé de jours, sachant qu'il gagne 3 fr. 75 par jour?

609. — Un ouvrier gagne 657 fr. par an; il en met le sixième de côté et dépense le reste; combien dépense-t-il par jour?

Qu'est-ce que le sixième d'un nombre?

610. — A combien revient la feuille d'une rame de papier qui coûte 5 fr., sachant que la rame contient 20 mains et que la main est de 25 feuilles?

611. — Trouvez le prix de deux cents et demi de foin à 0 fr. 35 la botte.

612. — On a payé 86 fr. 40 pour la vitrerie de **9 croisées de** chacune 16 carreaux ; à combien revient le carreau ?

Combien font 9 fois 16 ?

613. — Combien aurait-on de pains de 6 kilog. pour 113 fr. 40 lorsque le kilog. de pain vaut 0 fr. 45 ?

614. — Un enfant lit un livre contenant 317 pages y compris 4 pages de titre et 5 de table qu'il ne lit pas. Il en a déjà lu 109 pages. Combien lui en reste-t-il encore à lire ?

615. — Combien aurait-on de pains de 3 kilog. pour 113 fr. 40 lorsque le kilog. vaut 0 fr. 45 ?

616. — Un ouvrier a fait 17 jours à 1 fr. 35 chez un homme à qui il devait 40 fr. ; combien doit-il encore ?

617. — Une maison coûtait 1340 fr. ; on a payé, pour les réparations, 257 fr. 45 au maçon, 86 fr. au menuisier et 26 fr. 55 au couvreur ; ensuite on l'a revendue 2060 fr. ; combien a-t-on gagné ?

618. — On revend 2 fr. 30 le mètre une marchandise qui ne coûtait que 1 fr. 95 ; combien gagnera-t-on sur 58 m. 60 ?

619. — On a besoin d'une corde longue de 27 m. 50. On en a deux longues, l'une de 10 m., l'autre de 8ᵐ,75 ; combien faut-il en prendre à même une troisième pour compléter la longueur dont on a besoin ?

620. — Une tante laisse la moitié de sa fortune à 5 neveux et l'autre moitié à 3 nièces ; quelle part revient-il à chacun si la fortune de la tante est de 15840 fr. ?

621. — Je me suis avisé de compter mes pas en marchant, et j'ai trouvé que j'en fais 7260 en une heure ; combien par minute ?

Combien de minutes dans une heure ? et d'heures dans un jour ?

622. — On a payé 315 fr. pour 15 douzaines de mouchoirs qu'on a revendus 337 fr. 50. Combien a-t-on gagné par douzaine ?

623. — Un ouvrier s'est engagé à faire 486 m. d'ouvrage en 25 jours. Combien doit-il en faire par jour pour remplir son engagement ?

624. — Un journalier gagne 1 fr. 75 par jour, il dépense 1 fr. 10. En combien de jours aura-t-il économisé le loyer de sa maison qui est de 52 fr ?

625. — Le père gagne 2 fr. 40 par jour, le fils 1 fr. 75. Quelle est l'économie d'une semaine si la dépense est de 18 fr. ?

626. — Quelqu'un vient d'acheter un chapeau et a donné en payement une pièce de 5 fr., 3 de 2 fr., 4 de 0 fr. 50 et 5 de 0 fr. 20. Dire le prix du chapeau.

627. — On a acheté une pièce de terre de 136 ares pour 4964 fr. ; combien est-ce l'are ?

628. — 48 ares de terre labourable ainsi qu'un herbage de 75 ares sont à vendre. On estime la terre labourable 35 fr. l'are, e', l'herbage 42 fr. l'are ; combien le tout ?

629. — Quatre marchands associés ont partagé d'abord un bénéfice de 10350 fr. ; mais ils viennent d'essuyer une perte de 7094 fr. À combien se réduit le bénéfice de chaque associé ?

SYSTÈME METRIQUE.

NOTIONS HISTORIQUES.

89. — Autrefois, chaque province et, pour ainsi dire, chaque ville et chaque village de France avaient leurs mesures particulières. Ainsi, pour ne parler que des mesures de longueur, à Paris, on se servait de la *toise* ou de l'*aune*; à Montpellier, de la *canne*; ailleurs du *pied*, etc., etc., et il y avait des toises, des aunes, des cannes et des pieds de différentes valeurs.

90. — Il résultait de là une telle confusion dans la manière de compter, qu'il était presque impossible à un habitant du Midi de se faire entendre au Nord ; et cela était la source d'une foule de difficultés, d'erreurs et de procès.

91. — Dans le but de faire disparaître ces inconvénients, l'Assemblée nationale décida, en l'an 1790, qu'il était nécessaire de chercher une nouvelle mesure qui pût remplacer les anciennes, et être employée, non seulement en France, mais dans tous les pays du monde.

92. — On ne pouvait adopter aucune des mesures alors en usage, car chaque province aurait demandé la préférence pour les siennes, et il n'y avait, en France, aucun système de mesures assez simple pour mériter d'être suivi.

93. — Des savants français et étrangers furent donc chargés de mesurer, avec tout le soin possible, la longueur du quart de la circonférence de la terre, qui est ronde comme une boule ; et, après sept années de travail, ils trouvèrent que cette longueur était de 5130740 *toises*. (L'ancienne toise de Paris valait 1^m,949.)

94. — Quand la longueur du quart du méridien fut déterminée, on construisit, en platine, une règle exactement égale à la dix-millionième partie de cette longueur, et on l'appela *mètre*. Ce mètre fut déposé aux archives de l'Etat, à Paris, où on le conserve très précieusement.

95. — Le mètre ou mesure principale une fois trouvé, on en déduisit les autres mesures qui composent le système métrique, et un décret du 10 décembre 1799, ordonna que ces nouvelles mesures seraient désormais les seules employées.

96. — Cependant, c'est seulement depuis 1840 que le système métrique est définitivement usité en France.

97. — Il a aussi été adopté en Belgique, en Italie, en Suisse, en Suède, en Espagne, au Chili, etc., et il y a lieu d'espérer que beaucoup d'autres nations l'adopteront prochainement, car il est à la fois simple et durable (puisqu'on pourrait toujours retrouver l'unité (*), et il convient à tous les peuples.

(*) La longueur du pendule qui bat les secondes à Paris est de 994 millim.

Extrait de la loi du 4 juillet 1837.

Art. 3. — A partir du 1er janvier 1840, tous poids et mesures autres que les poids et mesures établis par les lois constitutives du système métrique sont interdits sous les peines portées par l'art. 479 du Code pénal (*).

Art. 4. — Ceux qui auront des poids et mesures autres que les poids et mesures ci-dessus reconnus, dans leurs magasins, ateliers, ou dans les halles, foires et marchés, seront punis comme ceux qui les emploieront.

Art. 5. — A compter de la même époque, toutes dénominations de poids et mesures autres que celles reconnues par la loi, sont interdites dans les actes publics, ainsi que dans les affiches et les annonces. — Elles sont aussi interdites dans les actes sous seing privé, les registres de commerce et autres écritures privées produits en justice. — Les officiers publics contrevenants seront passibles d'une amende de 20 fr. — L'amende sera de 10 fr. pour les autres contrevenants, elle sera perçue par chaque acte ou écriture sous signature privée ; quant aux registres de commerce, ils ne donneront lieu qu'à une seule amende pour chaque contestation dans laquelle ils seront produits.

Art. 7. — Les vérificateurs de poids et mesures constateront les contraventions prévues par les lois concernant le système métrique des poids et mesures. Ils pourront procéder à la saisie des instruments de pesage ou de mesurage dont l'usage est interdit.

Nota. — Toute personne qui reçoit une pièce fausse doit la remettre au maire ou au commissaire de police.

(*) L'art. 479 n° 6 du code pénal applique une amende de 11 à 15 fr., à ceux qui emploient des poids et mesures différents de ceux que la loi établit.

La loi du 27 mars 1851 punit le commerçant qui fait usage de faux poids et de fausses mesures d'une amende de 50 à 200 fr., et d'un emprisonnement de 1 à 3 mois. Le simple détenteur de faux poids et de fausses mesures est passible d'une amende de 16 à 25 fr., et d'un emprisonnement de 6 à 10 jours.

Questionnaire sur les notions historiques, p. 45,
et sur la loi du 4 juillet 1837.

Autrefois, se servait-on des mêmes mesures dans toute la France ? 89. — Que résultait-il de là ? 90. — Que fut-il décidé en 1790 ? 91. — Pourquoi ne prit-on pas quelques-unes des mesures alors en usage ? 92. — Que firent les savants ? 93. — Comment le premier *mètre* fut-il construit ? 94. — Le mètre une fois trouvé, que fit-on ? 95. — Depuis quelle année le système métrique est-il définitivement adopté en France ? 96. — Y a-t-il quelques pays qui se servent de nos poids et mesures ? 97. — Quels avantages présente le système métrique ? 97.

Est-il permis, en France, de se servir des anciens poids et mesures ? Art. 3. — Est-il permis aux marchands d'avoir chez eux d'anciens poids et mesures, alors même qu'ils ne s'en serviraient pas ? Art. 4. — De quelle peine sont punis ceux qui ont de faux poids ou de fausses mesures ? *V. la note.* — Peut-on se servir des anciens noms des poids et mesures dans les affiches ou dans les actes ? Art. 5. — Que font les vérificateurs qui trouvent d'anciens poids et mesures ? Art. 7. — Que doit faire une personne qui reçoit une pièce fausse ? *Nota.*

SYSTEME MÉTRIQUE.

NOTIONS PRELIMINAIRES.

98. — Le *système métrique* est un ensemble de mesures basées sur le *mètre*.

99. — On l'appelle système *légal*, parce qu'il est seul autorisé par la loi.

Au n° 3, on a déjà vu que

100. — Il y a six unités ou mesures principales :

1° Le MÈTRE, pour les *longueurs* ;
2° L'ARE et le MÈTRE CARRÉ, pour les *surfaces* ;
3° Le STÈRE ou le MÈTRE CUBE, pour les *volumes* ;
4° Le LITRE, pour les *contenances* ;
5° Le GRAMME, pour les *poids* ;
6° Le FRANC, pour les *monnaies*.

101. — Comme il y a des longueurs et des surfaces très grandes et d'autres très petites ; des corps très lourds et d'autres très légers, et que la même mesure serait souvent ou trop grande ou trop petite, on a adopté sept mots qui se placent avant chaque unité, et qui indiquent des mesures de 10 en 10 fois plus grandes ou de 10 en 10 fois plus petites.

102. — Pour indiquer les mesures de 10 en 10 fois plus grandes que l'unité, on emploie les mots suivants, tirés du grec :

DÉCA, qui signifie *dix* ;
HECTO,   *cent* ;
KILO,   *mille* ;
MYRIA,   *dix mille*.

103. — Pour indiquer les mesures de 10 en 10 fois plus petites, on se sert des mots suivants, tirés du latin :

DÉCI, qui signifie *dixième* ;
CENTI,   *centième* ;
MILLI,   *millième*.

104. — Les mesures de 10 en 10 fois plus grandes que l'unité se nomment *multiples*.

105. — Les mesures de 10 en 10 fois plus petites que l'unité se nomment *sous-multiples*.

(L'élève dira ou écrira ce que signifient les mots suivants.)

630. — Myriamètre,
Kilomètre,
Hectomètre,
Décamètre,
Décimètre,
Centimètre,
Millimètre,
Hectare,
Centiare,
631. — Décastère,
Décistère,
Kilolitre
Hectolitre,
Décalitre,
Décilitre,
Centilitre,
Myriagramme,
Kilogramme,

632. — Hectogramme,
Décagramme,
Décigramme,
Centigramme,
Milligramme,
Hectomètre,
Myriagramme,
Centilitre,
Décalitre,
633. — Décilitre,
Hectare,
Centigramme,
Kilomètre,
Millimètre,
Centiare,
Myriamètre,
Décastère,
Décistère,

Manière de lire et d'écrire les nombres métriques.

106.— Dans les nombres du système métrique, les *myria* se placent au rang des *dizaines de mille*; les *kilo*, au rang des *mille*; les *hecto*, au rang des *centaines*; les *déca*, au rang des *dizaines*; les *déci*, au rang des *dixièmes*; les *centi*, au rang des *centièmes*; et les *milli*, au rang des *millièmes*.

Myria	Kilo	Hecto	Déca	Unité	Déci	Centi	Milli	(*)
4	3	2	1	0	1	2	3	

107. — Les nombres du système métrique peuvent se lire et s'écrire comme les nombres décimaux (n°⁵ 31, 32).

108. — *Pour lire un nombre représentant des unités métriques,* on lit d'abord la partie entière (à gauche de la virgule), puis on lit la partie décimale (à droite de la virgule), comme si c'était un nombre entier, et on lui donne le nom de la dernière subdivision de l'unité.

109. — On peut aussi lire un nombre représentant des unités métriques en donnant à chaque chiffre le nom de l'unité qu'il représente.

110. — *Pour écrire un nombre représentant des unités métriques,* on écrit d'abord les entiers, à droite desquels on met une virgule; on écrit ensuite la fraction décimale, en ayant soin de placer son dernier chiffre au rang de la plus petite subdivision d'unité donnée.

(*) Tenez strictement à ce que l'élève sache réciter, dans cet ordre et sur ses doigts, cette liste de mots, soit en commençant par *myria*, soit en commençant par *milli*. — On dira *myria* sur le pouce gauche.

Nombres à lire et à écrire en lettres.

[Les unités principales se représentent en abrégé par leur première lettre : *mètre* par *mèt.* ou *m.*; *are* par *ar.* ou *a.*; *stère* par *st.* ou *s.*; *litre* par *lit.* ou *l.*, *gramme* par *gram.*, *gr.* ou *g.*; *franc* par *fr.* ou *f.* — Les multiples et les sous-multiples se représentent par leur première lettre qu'on fait suivre de l'unité écrite en abrégé comme ci-devant. Seulement, pour ne pas confondre les *déca* avec les *déci*, les *myria* avec les *milli*, on met une majuscule pour les multiples : *D*m se lit donc *décamètre*, et *d*m *décimètre*.]

M. K. H. D. U., d. c. m.

$4^m,6$	$53^a,25$	$25^{st},5$
34 ,54	2 ,05	0 ,
172 ,04	0 ,45	726
0 ,725	743 ,20	9 ,5
11 ,006	70 ,08	9 ,1
0 ,9	0 ,50	12 ,7
$2^l,4$	$51^g,4$	$4^l,50$ (*)
13 ,24	3 ,85	17 ,8
325 ,07	162 ,426	0 ,425
1 ,42	0 ,025	117 ,075
18 ,	17 ,05	0 ,25
210 ,54	128 ,004	76 ,15

$4_M{}^m,4$	$17_H{}^m,807$	$14_H{}^l,25$
12 ,25	0 ,4	0 ,8
0 ,745	312 ,45	310 ,454
1 ,3256	8 ,7	8 ,0
29 ,8	70 ,425	19 ,35
4 ,56	6 ,2465	417 ,007
$32_D{}^m,2$	$29_K{}^g,8$	$3^{dm},25$
115 ,25	0 ,128	21 ,3
0 ,835	172 ,95	0 ,42
38 ,9	0 ,5	7 ,9
9 ,46	75 ,250	1 ,4
718 ,006	4 ,52	76 ,7
$0^m,17$	$2_H{}^{lt},04$	$12_K{}^m,5$
0 ,3	0 ,5	7 ,04
0 ,748	21 ,75	318 ,125
0 ,04	9 ,04	0 ,0752
0 ,007	118 ,0	9 ,00456
0 ,08	4 ,009	74 ,29

(*) Les sous-multiples du franc se lisent : *décime*, *centime*, *millième.*

Nombres à écrire en chiffres (*).

634. — Quarante mètres vingt-cinq centimètres,
Neuf mètres huit centimètres,
Quatre-vingt-dix-huit mètres cent douze millimères
Cent quinze mètres trois décimètres,
Cinquante-quatre mètres soixante centimètres,

635. — Six ares quarante-cinq centiares,
Deux cent quinze ares quatre-vingts centiares,
Quatre-vingt-douze ares neuf centiares,
Soixante-quinze centiares,
Cent huit ares cinquante-deux centiares,

636. — Huit stères cinq décistères,
Vingt-neuf stères, un décistère,
Cent trente-neuf stères huit décistères,
Quatre-vingt-dix-neuf stères
Six décistères,

637. — Douze litres quatre décilitres,
Quatre-vingt-quatre litres cinq centilitres,
Soixante-quinze centilitres,
Deux cent cinquante-quatre litres,
Six cent quarante-sept litres huit décilitres,

638. — Cinq cents gram. (demi-kil., ancienne li..),
Onze grammes soixante-quinze centigrammes,
Deux cent cinquante grammes (demi-livre),
Sept cent cinquante-cinq milligrammes,
Cent vingt-cinq grammes (ancien quart de livre),

639. — Quinze francs vingt-cinq centimes,
Quatre cent onze francs trois décimes,
Trois francs sept cent vingt-cinq millièmes,
Deux mille cent quatre-vingt-onze francs,
Cinq centimes,

640. — Onze myriamètres sept kilomètres,
Deux myriamètres cinquante-deux hectomètres,
Trente-six hectomètres,
Cinquante-trois myriamètres un kilomètre,
Sept kilomètres,

(*) Pour varier et multiplier les exercices, le maître fera écrire ces nombres
en adoptant tantôt une unité, tantôt une autre.

Nombres à écrire en chiffres.

641. — Quarante-cinq mèt. deux cent un millim.,
Six décamètres huit mètres neuf décimètres,
Trois hectom. douze mètres vingt-sept centim.,
Dix-neuf décamètres quinze décimètres,
Cent quinze hectom. deux décam. seize millim.,

642. — Soixante-dix-huit ares quarante centiares,
Treize hectares quinze ares trente-deux cent.,
Huit hectares six ares soixante-quinze cent.,
Quatre-vingt-dix-huit hect. cinquante cent.,
Un hectare deux ares neuf centiares,

643. — Deux décast. cinq stères quatre décist.,
Trente décastères vingt-neuf décistères,
Cinquante-deux stères trois décistères,
Onze décastères neuf stères,
Dix décastères cinquante-trois décistères,

644. — Six cent soixante-dix-huit lit. trois décil,
Deux hectol. un décal. trois lit. quatre cent.,
Quatre kilolitres vingt-cinq litres neuf décil.,
Cinquante-trois décalitres quinze décilitres,
Un kilolitre trois décalitres neuf centilitres,

645. — Dix-huit kilog. cent vingt-cinq gram.,
Cent deux kil. trois décag. six grammes,
Sept kilog. six cent soixante-quinze décigr.,
Un myriagr. trente-cinq décag. neuf décigr.,
Cinq hectogr. quatre cent dix-huit milligr.,

646 — Trente-deux hectolitres neuf litres,
Un kilolitre quatre décalitres vingt-cinq centil.,
Dix-huit décalitres neuf décilitres,
Seize hectolitres quinze décilitres neuf centilit.,
Deux mille quatre-vingt-quinze lit. cinq centil.,

647. — Neuf cent dix gram. cent quinze millig.,
Deux kilog. seize grammes neuf centigrammes,
Un myriagramme neuf hectogrammes,
Cinq hectogr. dix-sept décigr. trois milligr.,
Deux cent seize kilogr. cent vingt-cinq gram.

Réduction d'unités quelconques en unités inférieures ou supérieures.

1° Exercices pouvant se faire facilement de vive voix.

Soit à réduire 1 myriamètre en décamètres.

L'élève, qui sait par cœur l'ordre des multiples et sous-multiples (page 48), dit (après myria) : *kilo, hecto, déca,* 3 degrés ou 3 zéros à droite de l'1 font 1000 ; donc 1 *myriam. vaut mille décam.* — Il trouverait par le même procédé, par exemple, qu'*il faut cent millim. pour faire 1 décim.*, puisque cette question revient à celle-ci : *combien un décim. vaut-il de millim. ?*

648.—Combien un myriam.vaut-il de kilom. ?
d'hectom. ?
de décam. ?
de décim. ?
de centim. ?
de millim. ?
649. — Combien un kilog. vaut-il de décagr. ?
de décigr. ?
d'hectogr. ?
de centigr. ?
de milligr. ?
650.—Combien un hectol. vaut-il de décalit. ?
de décilit. ?
de centilit. ?
651.—Combien un décim. vaut-il de millim. ?
de centim. ?
652.—Combien de décag. pour faire un kilog. ?
un hectog. ?
un myriag. ?
653.—Combien de centil. pour faire un décil. ?
un kilol. ?
un décal. ?
un hectol. ?
654.—Combien de mil. pour faire un centim. ?
un myriam. ?
un hectom. ?
un décam. ?
un mètre. ?
un kilom. ?
un décim. ?

On peut encore, par le même procédé, faire résoudre, de vive voix, des questions de cette sorte : combien 100 décim. font-ils de décam. ? Mais on y arrive plus facilement par le procédé suivant.

2° *Exercices écrits.*

Soit à réduire 1000 décim. en décam.

L'élève montre chaque chiffre en commençant par la droite et dit : *décimètre, mètre, décamètre,* et il place une virgule à droite du chiffre sur lequel il a dit *décamètre* (10,00), ce qui lui donne 10 ; donc 1000 *décim. font* 10 *décam.*

Soit encore à réduire 127ᵐ,5 en hectom.

L'élève, partant de la virgule et allant vers la gauche, puisque les hectomètres sont nécessairement à gauche des mètres, dit : *mèt., décam., hectom.,* et il place la virgule à droite de l'1 (1,275) ; donc 127ᵐ,5 *font* 1ʜᵐ,275.

Soit enfin à réduire 3Kᵐ,25 en décim.

L'élève, partant de la virgule et allant vers la droite (les décim. sont à droite des kilom.), dit en montrant chaque chiffre, *hectomètre, décamètre, mètre* (en écrivant un zéro), *décimètre* (en écrivant un nouveau zéro), et il obtient ainsi 32500 *décim. pour la valeur de* 3ᴋᵐ,25.

655.— Combien d'*hectom.* dans 700 mèt. ?
        dans 30 décam. ?
        dans 10000 décim. ?
        dans 140000 mètr. ?
        dans 700000 centim. ?

656. — Combien de *kilog.* dans 7345 gram. ?
        dans 718 décagʳ. ?
        dans 27320 décigr. ?
        dans 9725 hectogr. ?
        dans 1 myriagr. ?

657.—Combien de *décalit.* dans 2 hectol. ?
        dans 87 litres ?
        dans 325 décil. ?
        dans 30750 centil. ?
        dans un kilolitre ?

658. — Combien de *gram.* dans 3ʜᵍ,45 ?
        dans 325 centigr. ?
        dans 2ᴅᵍ,18 ?
        dans 74566 milligr. ?
        dans 2 kilogr. ?

659. — Comb. d'*hectares* dans 325 ares?
dans 1256^a, 05?
dans 456700 centia. ?
dans 74567 ares ?
dans 102^a, 15 ?

660. — Comb. de *décim.* dans 12^m ?
dans 3^m,40?
dans 1 D^m, 18 ?
dans 725 m^m ?
dans 2H^m, 0075 ?

661. — Comb. de *décist.* dans 48st ?
dans 3st,4?
dans 2 Dst ?
dans 13 Dst,2 ?
dans 1 Dst,24 ?

662. — Comb. de *mét.* dans 1 K^m,7 D^m ?
dans 19 D^m,40^c ?
dans 1 M^m,4 H^m ?
dans 13^{dm},3m^m ?
dans 174^{cm},8m^m ?

663. — Combien de *lit.* dans 1 H^{lt},25^{dl} ?
dans 45 D^l,5^{cl} ?
dans 274^{dl},2^{cl} ?
dans 1 K^l,4 ?
dans 1 K^l,4 D^l ?

664. — Comb. de *kilog.* dans 7345^{gr},2^{mgr} ?
dans 37 H^g,15^{dg} ?
dans 8 M^g,75 D^g ?
dans 195 D^g,8 ?
dans 2 M^{g}17 H^g,3^g ?

665. — Comb. de *centim.* dans 2 D^m,7d^m ?
dans 745 mil^m. ?
dans 2^m,45m^m ?
dans 1 H^m,2^m ?
dans 1 K^m,748^m ?

Opérations sur les nombres métriques.

111. — L'*addition* et la *soustraction* des nombres métriques se font comme celles des nombres décimaux, en ayant soin de poser les unités de même grandeur les unes sous les autres et de placer, dans tous les nombres, la virgule à droite de l'unité que l'on a choisie ou que demande la question.

112. — La *multiplication* et la *division* des nombres métriques se font aussi comme celles des nombres décimaux. Autant que possible, on ramène, dans ces opérations, les nombres donnés à l'unité principale : le mètre, l'are, etc., ou aux unités dont on demande le prix (*).

Problèmes sur l'addition et la soustraction.

666. — La taille d'une personne est de 1^m,605, celle d'une autre est de 14 centimètres de plus. Quelle est la taille de cette dernière ?
Combien 14 centim. font-ils de millim.?

667. — Un propriétaire afferme à divers particuliers un herbage de 2^H.3^{a}45 cent. ; une pièce en labour de 89 ares 5 cent. ; un pré de 3^H^{a}, et enfin un jardin de 17^a,25. De combien d'ares se compose cette propriété ?
Combien 3 hectares font-ils d'ares ?

668. — Un tonneau contenait 14 hectol. de liquide ; on en a tiré pour remplir un autre fût de 340 litres. Que reste-t-il dans le tonneau ?
Combien 14 hectol. font-ils de litres ?

669. — Une caisse de savon pesait 94 ^{K}^{g}; on en a déjà livré 48^K^{g},8^D^{g}. Qu'en reste-t-il encore à vendre ?

Problèmes sur la multiplication et la division.

670. — Un épicier a fait venir 19 pains de sucre qui pèsent chacun 8^K^{g},075 ; combien a-t-il reçu de sucre en tout ?

671. — On fait des pointes de 25 millim. de longueur avec un fil de fer de 4^m,8 de long. Comb. pourra-t-on en tirer de pointes ?
Combien 4^m,8 font-ils de millim.?

672. — Le poids d'un litre d'eau de mer étant de 1^K^{g},026, quel est le poids de l'eau de mer contenue dans 2 fûts de chacun 2^H^{l},8 lit ?
Combien 2 hectol. 8 litres font-il de litres ?

673. — Quel sera le prix de 45 hectog. de café à 2 fr. 80 le kilogr. ?

674. — On a acheté 1^H^{l},5 de petits pois pour 27 fr. ; combien est-ce le décalitre ?

675. — Une pièce de terre de 178^a est vendue 8722 fr. Combien est-ce l'hectare ?

(*) C'est ici le lieu de faire faire aux élèves les additions des nombres métriques qui ont servi à la numération ; ces exercices les préparent à la solution des problèmes qui suivent.

Récapitulation des quatre opérations sur les nombres métriques.

676. — On a acheté 17ʰˡ,4 de blé à 24 fr. 85 l'hectol. et 17 lit. de pois à 22 fr. l'hectol. ; que doit-on pour le tout ?
À 22 fr. l'hectol., combien le litre ?

677. — Un objet qui coûtait 8 fr. n'a été vendu que 6 fr. 75 ; quelle est la perte ?

678. — Combien aura-t-on de kilogr. de chocolat à 0ᶠ,19 l'hectogr. pour 32 fr. 30 ?
À 0 fr. 19 l'hectogr., combien le kilogr.?

679. — Lorsqu'on paie 0 fr. 80 pour 3 décilit. de liqueur, quel est le prix du litre ?

680. — Dites le prix de 11ᵐ,45 de galon d'or à 0 fr. 62 le décimètre.

681. — Trouvez le prix de 9 décim. d'un drap qui se vend à raison de 18 fr. 50 le mètre.

682. — 0ᵐ,45 de velours coûtent 9 fr. ; combien est-ce le mètre ?

683. — Partagez 17ᵏᵍ de pain en deux parties telles que la première soit de 20ʰᵍ,8 plus grande que la seconde.

684. — Une pièce d'eau-de-vie de 62 litres coûtait 108 fr. 50 ; à combien revenait le double décil. de cette liqueur.
Combien un litre vaut-il de doubles décilitres ?

685. — On fond 44 gram. de zinc avec 10 gram. de cuivre. On demande la quantité de cuivre contenue dans un gramme de cet alliage.

(Les exercices suivants se font par un simple déplacement de virgule.)

686. — Lorsque le mèt. vaut 5ᶠ, combien le décim. ?
            le centim. ?
            le millim. ?

687. — Lorsque le gram. vaut 0ᶠ,25, comb. le décag. ?
            le décig. ?
            le kilog. ?
            l'hectog. ?

688. — Lorsque le lit. vaut 2ᶠ,75, comb. le décalit. ?
            le décilit. ?
            le kilolit. ?
            l'hectol. ?

689. — Lorsque l'are vaut 52 fr. combien l'hectare ?
            le centiare ?

690. — Lorsque le stère vaut 16ᶠ,50, comb. le décast. ?
            le décist. ?

691. — Lorsque le kilog. vaut 2ᶠ,10, comb. le gram.
            l'hectog.
            le décag.

692. — Lorsque l'hectol. vaut 22ᶠ,50, comb. le litre ?
            le décal. ?

113. — L'unité des mesures de longueur est le *mètre*.

114. — Le *mètre* est une règle dont on se sert pour mesurer les longueurs.

Cette règle est égale à la dix-millionième partie du quart de la circonférence ou du tour de la terre

Tracer une ligne de 1, 2, 3, 10, 15, etc. centimètres.

115. — Les multiples du mètre sont :

Le MYRIAMÈTRE,
Le KILOMÈTRE,
L'HECTOMÈTRE,
Le DÉCAMÈTRE,
} Dire la distance d'un lieu à un autre. Mesurer au pas un décamètre, un hectomètre et un kilomètre.

116. — Les sous-multiples du mètre sont :

Le DÉCIMÈTRE,
Le CENTIMÈTRE,
LE MILLIMÈTRE,
} Les élèves doivent indiquer exactement la longueur de ces mesures.

117. — Le *myriamètre*, le *kilomètre* et l'*hectomètre* s'emploient pour évaluer les distances sur les routes; c'est pour cela qu'on les appelle *mesures itinéraires*. Ces mesures sont indiquées par des bornes de pierre ou de bois.

Mesures effectives de longueur.

118. — Les mesures réelles ou effectives de longueur sont au nombre de huit :

1° Le *double décamètre* ;
2° Le DÉCAMÈTRE ;
3° Le *demi-décamètre* ;
4° Le *double mètre* ;
5° Le MÈTRE ;
6° Le *demi-mètre* ;
7° Le *double décimètre* ;
8° Le DÉCIMÈTRE. (Voir la figure.)

} Montrer ces mesures et les figurer en tout ou en partie, puis trouver la longueur d'une table, d'un mur, etc.

119. — On voit que chaque mesure principale a son double et sa moitié.

120. — Le double décamètre, le décamètre, et le demi-décamètre sont des chaînes en fil de fer. On en fait aussi en ruban s'enroulant dans une boîte.

121. — Le double mètre, le mètre et le demi-mètre sont ordinairement des règles en bois. On fait aussi des mètres-cannes, et des mètres qui se ploient en 2, 5 ou 10 parties.

122. — Le double décimètre et le décimètre sont de petites règles plates ou triangulaires.

(Pour ces mesures et toutes les autres du système métrique, voir nos *Tableaux de poids et mesures.*)

MESURES DE SURFACE OU DE SUPERFICIE.

123. — Pour la mesure des champs, l'unité est l'*are*.

Pour la mesure des surfaces ordinaires, l'unité est le *mètre carré* (130).

1° De l'are.

124. — L'*are* est un carré qui a un décamètre ou dix mètres de côté. Il contient 100 mètres carrés (n° 130).

125. — L'are dérive du mètre, puisque chacun de ses côtés a dix mètres de longueur.

126. — Un *carré* est une surface dont les quatre côtés sont égaux et les angles droits.

127. — L'are n'a qu'un multiple :

L'HECTARE, qui vaut 100 ares.

128. — Il n'a qu'un sous-multiple :

Le CENTIARE, qui vaut un mètre carré.

Tracer un carré, puis un rectangle égal à un centiare.

129. — REMARQUE. — Quoique les expressions *décare* et *déciare* ne soient pas employées (*), le rang de ces espèces d'unités n'en existe pas moins. Les *hectares* se mettent donc toujours au rang des *centaines* et les *centiares* au rang des *centièmes*.

Nombres à lire ou à écrire en lettres.

18ª,25	1ʜª03ª,15	3ʜª,17
0 ,08	9ª,6	9 ,0845
720 ,40	28ʜª90ª,07	10 ,8
11 ,5 (**)	45ª,7	1 ,456
205 ,05	3ʜª02ª ,24	21 ,2405

Nombres à écrire en chiffres.

693. — Quarante-huit ares vingt-un centiares,
Un hectare quinze ares soixante-quinze centiares,
Onze hectares neuf ares trente centiares,
Cent vingt-deux ares trois centiares.

694. — Cent douze hectares quatre ares six centiares,
Seize hectares quatre-vingt-seize centiares,
Deux mille cent quinze ares huit centiares,
Quatre hectares un are six centiares,

(*) Ces mesures ne sont pas employées parce qu'elles ne sont pas des carrés.
(**) Il faut écrire un zéro ou le supposer écrit à droite du 5 pour remplacer le chiffre des centiares. On dit donc 50 centiares.

2° Du mètre carré.

130. — Le mètre carré est un carré qui a un mètre de côté.

On peut le représenter par un tableau qui aurait un mètre de long et un mètre de large.

131. — Les multiples du mètre carré sont :

> Le *myriamètre carré* (10000 mètres de côté).
> Le *kilomètre carré* (1000 mètres de côté).
> L'*hectomètre carré* (100 mètres de côté).
> Le *décamètre carré* (10 mètres de côté) ; *le figurer.*

132. — Le *myriamètre carré*, le *kilomètre carré* et l'*hectomètre carré* s'emploient pour évaluer de très grandes surfaces, comme celles d'un pays, d'une province, d'un département, etc. C'est pour cela qu'on les appelle *mesures topographiques.*

133. — Les sous-multiples du mètre carré sont :

> Le *décimètre carré,*
> Le *centimètre carré,*   Montrer et figurer
> Le *millimètre carré.*   exactement ces mesures.

134. — Le *mètre carré*, le *décimètre carré*, le *centimètre carré* et le *millimètre carré* s'emploient pour mesurer les petites surfaces, telles que la grandeur d'une salle, d'une porte, d'un toit, etc.

Pour trouver l'étendue d'un champ, d'un jardin, d'une salle, etc., de forme rectangulaire, il suffit de multiplier la longueur par la largeur (p. 117 de l'*Arithm. élém.*).

Trouvez de cette manière la surface de la classe, d'une porte, etc.

135. — Le *décimètre carré* est un carré qui a un décimètre de côté.

Le *centimètre carré* est un carré qui a un centimètre de côté. (Voir la figure.)

Le *millimètre carré* est un carré qui a un millimètre de côté.

136. — Le mètre carré vaut 100 décimètres carrés.

Supposons un tableau de 1 mèt. carré. Sur le côté de ce tableau on peut ranger 10 décimèt. carrés et faire ensuite 9 rangées semblables à la 1re, ce qui fait en tout 10 fois 10 ou 100 décimètres carrés dans le mèt. carré.

On prouverait de même que

137. — Le décim. carré vaut   1 00   centimètres carrés.
Le centim. carré vaut   1 00   millimètres carrés.

Donc

138. — Le mètre   carré vaut   1 00   décimètres carrés.
                          1 00 00   centimètres carrés.
                          1 00 00 00 millimètres carrés.

Le décimèt. carré vaut 1 00   centimètres carrés.
                      1 00 00   millimètres carrés.

Le centimèt. carré vaut 1 00   millimètres carrés.

Manière de lire et d'écrire les mètres carrés, décimètres carrés, etc.

139. — Les *décimètres carrés se placent au 2ᵉ rang* à droite des mètres carrés, parce que ce sont des *centièmes* de mètre carré, et que les centièmes se placent au 2ᵉ rang à droite de l'unité.

$12^{m2},15$ se lisent donc : 12 mèt. car., 15 déc. car. ;
3 mèt car., 84 décim. car., s'écrivent : $3^{m2},84$ (*) ;
9 mèt. car., 4 décim. car., s'écrivent : $9^{m2},04$.

140. — Les *centimètres carrés se placent au 4ᵉ rang* à droite des mètres carrés, parce que ce sont des *dix-millièmes* de mèt. car., et que les dix-millièmes se placent au 4ᵉ rang à droite de l'unité.

$15^{m2},4321$ se lisent donc : 15 mèt. car. 4321 centim. car. ;
$0^{m2},453$ se lisent : 4530 centim. carrés ;
1 mèt. car., 125 centim. carr., s'écrivent : $1^{m2},0125$.

141. — Les *millimètres carrés se placent au 6ᵉ rang* à droite des mètres carrés, parce que ce sont des *millionièmes* de mètre carré, et que les millionièmes se placent au 6ᵉ rang à droite de l'unité.

$2^{m2},045076$ se lisent donc : 2 mèt. car., 45076 millim. car. ;
$0^{m2},97456$ se lisent : 974560 millim. car. ;
Ou bien : 97 décim. car., 45 cent. car., 60 millim. car. ;
7 mèt. car., 745672 millim. car., s'écrivent : $7^{m2},745672$.

On pourrait établir des raisonnements semblables sur les multiples du mètre carré. Donc, en résumé :

142. — 1° Les multiples et les sous-multiples du mètre carré sont des mesures de 100 en 100 fois plus grandes, ou de 100 en 100 fois plus petites les unes que les autres.

143. — 2° Lorsqu'on écrit les multiples et les sous-multiples du mètre carré, il faut avoir soin d'employer 2 chiffres pour représenter chaque unité.

144. — Il ne faut pas confondre : 1° le *décimètre carré* avec le *dixième de mètre carré*. Le décimètre carré est la centième partie du mètre carré. — Le dixième de mètre carré en est la dixième partie et vaut, par conséquent, 10 décimètres carrés.

145. — 2° Le *centimètre carré* avec le *centième de mètre carré*. Le centimètre carré est la dix-millième partie du mètre carré. — Le centième de mètre carré en est la centième partie et vaut, par conséquent, 100 centim. carrés.

146. — 3° Le *millimètre carré* avec le *millième de mètre carré*. Le millimètre carré est la millionième partie du mètre carré. — Le millième de mètre carré en est la millième partie et vaut, par conséquent, 1000 millim. carrés.

(*) Faites ainsi écrire mèt. car. (m²) ; le chiffre 2 rappelle à l'élève qu'il faut 2 chiffres pour chaque unité.

Nombres à lire ou à écrire en lettres.

2^{m2},15	4^{m2},4152	74^{m2},157456
0 ,07	0 ,0005	0 ,000075
12 ,71	7 ,4552	715 ,740070
0 ,40	2 ,0030	1 ,054070
718 ,45	0 ,0008	0 ,000009
64^{m2},17	5^{m2},80	0^{m2},45
3 ,7456	0 ,8	0 ,7
18 ,075671	1 ,7450	0 ,4805
320 ,7454	13 ,743	0 ,74526
42 ,48	8 ,75642	0 ,035
$3м^{m2}$,54	$7к^{m2}$,19	$1н^{m2}$,15
0 ,4575	0 ,7	0 ,245
24 ,476756	31 ,7532	5420 ,07
1 ,07007456	9 ,845	21 ,00754
19 ,345	215 ,00904	9 ,4

Nombres à écrire en chiffres.

695. — Cinq mèt. car. douze décim. car.,
Soixante-un mèt. car. mille cent deux cent. car.,
Deux cent quinze mèt. car. soixante décim. car.,
Cent douze mille cent vingt-un millim. car.,
Onze mèt. car. cinq cent onze centim. car.,

696. —Cent mèt. car. trente cent. car.,
Un mèt. car. quinze décim. car. quatre mill. car.,
Quatre mèt. car. cent deux centim. car.,
Quatre-vingt-seize mèt. car. quinze millim. car.,
Deux décim. car. quatre centim. car.,

697. — Cinq mèt. car. cent vingt-un cent. car.,
Trois décim. car. onze centim. car.,
Un décam. car. trois mèt. car. deux décim. car.,
Neuf mèt. car. treize centim. car. deux millim. car.,
Trois décam. car. neuf cent seize décim. car.,

698. — Quatre myriam. car. vingt-cinq kilom. car.,
Soixante myriam. car. cent dix hectom. car.,
Quarante kilom. car. vingt-un hectom. car.,
Un myriam. car. sept kilom. car.,
Cent hectom. car.,

Réduction d'unités quelconques en unités supérieures ou inférieures (*).

699. — Combien un *mèt. car.* vaut-il de *décim. car.* ?
de *centim. car.* ?
de *mill.* car. ?
700. — Comb. un *décim. car.* vaut-il de *mill.* car. ?
de *cent.* car. ?
701 — Comb. un *hect. car.* vau t -il de *mèt.* car. ?
de *cent.* car. ?
de *décam. car.* ?
de *décim. car.* ?
de *mill.* car. ?
702. — Comb. de *mil. car.* pour faire un *décim. car.* ?
un *mèt.* car. ?
un *cent.* car. ?

703. — Comb. de *mèt. car.* dans 100^{d2} ?
dans 10000^{cm2} ?
dans 120^{dm2} ?
dans 1000000^{mm2} ?
dans 7320075^{mm2} ?

704. — Combien de *décim. car.* dans 1^{m2} ?
dans 100^{cm2} ?
dans 15^{m2} ?
dans $3^{m2},2$?
dans $7^{m2},175$?

705. — Comb. de *cent. car.* dans 1^{dm2} ?
dans 2^{m2} ?
dans $2^{m2},15$?
dans $0^{m2},00754$
dans 3 décim. car. ?

706. — Comb. de *mill. car.* dans 1^{cm2} ?
dans $0^{m2},145$?
dans $7^{dm2}3^{cent2}$?
dans $75^{cm2},074$?
dans $1^{m2}13^{cm2}$?

707. — Comb. d'*hectom. car.* dans 100^{Dm2}
dans $3^{M2},125$?
dans $7456^{.}6^{m2}$?
dans $1^{Km2}3^{Dm2}$?
dans 7456720050^{dm2} ?

---

147. — Pour la mesure du bois, l'unité est le *stère*.
Pour les autres volumes, l'unité est le *mètre cube* (151).

1° Du stère.

148. — Le *stère* est une mesure qui vaut un mètre cube.

149. — Le stère dérive du mètre puisqu'il vaut un mètre cube.

150. — Un *cube* est un corps terminé par six faces carrées égales. (Voir la figure de la page 65.)

151. — Le *mètre cube* est un cube qui a un mètre de côté.

On peut le figurer par une grande boîte ayant un mètre de long, un mètre de large et un mètre de haut.

152. — Le stère n'a qu'un multiple :

Le DÉCASTÈRE, qui vaut 10 stères.

153. — Il n'a qu'un sous-multiple :

Le DÉCISTÈRE, dixième partie du stère.

154. — Le bois se mesure au *stère entassé* ou au *stère plein.*

Stère entassé

155. — Le bois cassé se mesure au *stère entassé*. On le range dans l'une des mesures ci-après. Ce sont des espèces de châssis composés d'une *sole* ou planche posée à terre, et sur laquelle s'élèvent deux montants dont la hauteur varie suivant la longueur des bûches. Si les bûches ont un mètre de longueur, les montants ont un mètre de hauteur.

156. — Les mesures autorisées pour le bois cassé sont au nombre de 3 :

		Longueur de la sole.	
1° Le *demi-décastère,* mesure de 5 st.,	entre les montants :	5 m. ;
2° Le *double stère,*	2 st.,	id.	2 m. ;
3° Le STÈRE,	1 st.,	id.	1 m.

(Figurer les dimensions du stère.)

Stère plein.

157. — Le bois non cassé se mesure au *stère plein*, au moyen du tableau suivant.

158. — Dans ce tableau le diamètre des bûches est indiqué en centimètres, et le volume est donné en *millièmes de stère* ou *millistères* (ce sont des *décimètres cubes*). La longueur des bûches est supposée d'*un mètre*.

Il suit de là que

159. — *Si les bûches avaient plus ou moins d'un mètre de long, pour en trouver le volume, on multiplierait le volume donné tableau par la longueur des bûches.*

**160.— Tableau pour la mesure du bois rond au stère plein
(les bûches ayant un mètre de longueur).**

DIAMÈTRE DES BUCHES en centimètres.	VOLUME DES BUCHES en millièmes de stère.	DIAMÈTRE.	VOLUME.	DIAMÈTRE.	VOLUME.
5	2	37	108	69	374
6	3	38	113	70	385
7	4	39	119	71	396
8	5	40	126	72	407
9	6	41	132	73	419
10	8	42	139	74	430
11	10	43	145	75	442
12	11	44	152	76	454
13	13	45	159	77	466
14	15	46	166	78	478
15	18	47	173	79	490
16	20	48	181	80	503
17	23	49	189	81	515
18	25	50	196	82	528
19	28	51	204	83	541
20	31	52	212	84	554
21	35	53	221	85	567
22	38	54	229	86	581
23	42	55	238	87	594
24	45	56	246	88	608
25	49	57	255	89	622
26	53	58	264	90	636
27	57	59	273	91	651
28	62	60	283	92	665
29	66	61	292	93	679
30	71	62	302	94	694
31	75	63	312	95	709
32	80	64	322	96	724
33	86	65	332	97	739
34	91	66	342	98	754
35	96	67	353	99	770
36	102	68	363	100	785

Pour plus de détails, voir mesure du *cylindre* et du *cône tronqué*, pages 125
et 126 de l'*Arithmétique élémentaire*.

2° Du mètre cube.

161. — Le *mètre cube* est un cube qui a un mètre de côté (151).

162. — Le mètre cube n'a pas de multiples.

163. — Les sous-multiples du mètre cube sont :

Le *décimètre cube.*

Le *centimètre cube.* } Montrer et figurer exactement ces mesures.

Le *millimètre cube.*

164. — Le mètre cube et ses sous-multiples servent à mesurer les travaux de maçonnerie, de terrassement ; les blocs de pierre, de marbre ; les tas de pierres, de fumier, de sable, etc.

Pour trouver le volume d'un tas de fumier, d'un tas de pierres, etc., de forme prismatique ou cubique, il suffit de multiplier la surface de la base par la hauteur du tas (p. 124 et suivantes de l'Arith. élém.).

Trouvez de cette manière la grandeur de la classe, le volume d'un mur, etc.

165. — Le *décimètre* cube est un cube qui a un décimètre de côté.
Le *centimètre* cube est un cube qui a un centimètre de côté. (Voir la figure.)
Le *millimètre* cube est un cube qui a un millimètre de côté.

166. — Le mètre cube vaut 1000 décimètres cubes.

Supposons une boîte contenant un mètre cube.
Dans le fond de cette boîte, je puis ranger 100 décimètres cubes et ensuite placer jusqu'au haut de la boîte encore 9 plaques semblables à la première, ce qui fait en tout 10 fois 100^{dm3} ou 1000 décim^3 dans le mètre cube.

On prouverait de même que

167. — Le décimètre cube vaut 1000 centimètres cubes.
Le centimètre cube vaut 1000 millimètres cubes.

Donc

168. — Le mètre cube vaut 1 000 décimètres cubes.
1 000 000 de centim. cubes.
1 000 000 000 de millim. cubes.
Le décimètre cube vaut 1 000 centimètres cubes.
1 000 000 de millim. cubes.
Le centimètre cube vaut 1 000 millimètres cubes.

Manière d'écrire les mètres cubes, décim. cubes, etc.

169. — Les *décimètres cubes se placent au 3e rang à droite des mètres cubes*, parce que ce sont des millièmes de mètre cube, et que les millièmes se placent au 3e rang à droite de l'unité.

$3^{m3}{,}725$ se lisent donc : 3 mèt. cub. 725 décim. cub. (*)

(*) Faites écrire ainsi mèt. cub. (m³). Le chiffre 3 rappelle qu'il faut 3 chiffres pour chaque unité.

170. — Les *centimètres cubes se placent au 6ᵉ rang à droite des mètres cubes* parce que ce sont des millionièmes de mèt. cub., et que les millionièmes se placent au 6ᵉ rang à droite de l'unité.

7 mèt. cub., 4572 cent. cub. s'écrivent donc 7^{mc},004572.

171. — Les *millimètres cubes se placent au 9ᵉ rang à droite des mètres cubes*, parce que ce sont des billionièmes de mètre cube, et que les billionièmes se placent au 9ᵉ rang à droite de l'unité.

0^{mc},027 456 720 se lisent donc 27456720 millim. cubes.

ou 27 décim. cub., 456 centim. cub., 720 millim. cub.

En résumé:

172. — 1° Le mètre cube et ses sous-multiples sont des mesures de 1000 en 1000 fois plus petites les unes que les autres.

173. — 2° Lorsqu'on écrit les sous-multiples du mètre cube, il faut avoir soin d'employer 3 chiffres pour chaque unité

174. — Il ne faut pas confondre : 1° le *décimètre cube* avec le *dixième de mètre cube*. Le décimètre cube est la millième partie du mètre cube. Le dixième du mètre cube en est la dixième partie et vaut, par conséquent, 100 décim. cub.

175. — 2° Le *centimètre cube* avec le *centième de mètre cube*. Le centimètre cube est la millionième partie du mètre cube. Le centième de mètre cube en est la centième partie et vaut, par conséquent, 10000 centim. cub.

176. — 3° Le *millimètre cube* avec le *millième de mètre cube*. Le millimètre cube est la billionième partie du mètre cube. Le millième de mètre cube en est la millième **partie et vaut, par conséquent**, 1000000 de millim. cub.

Nombres à lire ou à écrire en lettres.

15^{mc},165	2^{mc},761566	45^{mc},194273378
0 ,478	17 ,486762	0 ,184273578
17 ,450	0 ,007456	10 ,715000274
327 ,175	9 ,175070	3 ,123456789
7 ,384	1 ,040076	215 ,345607002
3^{mc},045	7^{mc},467500	2^{mc},456767200
72 ,400	0 ,4675	0 ,4567672
0 ,4	4 ,00025	28 ,00074567
1 ,45	15 ,742689	0 ,00000003
8 ,674	0 ,4572	9 ,745000175
14^{mc},217	0^{mc},007	4^{dmc},725
3 ,466728	0 ,0054	0 ,456
0 ,048900125	0 ,000000025	27 ,4
7 ,08	0 ,0070052	736 ,09456
275 ,0074	0 ,4	17 ,45

Nombres à écrire en chiffres.

708. — Six m. cub. quatre cent dix décim. cub.,
Trente-sept mèt. cub. douze décim. cub.,
Cent neuf mèt. cub. huit décim. cub.,
Cent quatre-vingt-dix-neuf décim. cub.,
Quatre mèt. cub. six cents décim. cub.,

709. — Quarante mèt. cent douze déc. cub.,
Un mèt. cub. huit mille trente centim. cub.,
Seize mille cinq cent vingt centim. cub.,
Dix mèt. cub. cent dix-sept centim. cub.,
Deux mèt. cub. trente-quatre centim cub.,

710. — Onze mèt. cub. cent mille cent mil^{m3}.,
Trois mèt. cub. cent un mille quatre mil^{m}. cub.,
Cinq mille trois cent huit millim. cub.,
Soixante-sept mèt. cub. quinze millim. cub.,
Six cents millions de millim. cub.,

711. — Deux cent soixante-quatorze m. cub.,
Quinze mèt. cub. mille seize centim. cub.,
Vingt-un mèt. cub. quarante millim. cub.,
Cinq mèt. cub. vingt-quatre décim. cub.,
Soixante-quinze centim. cub.,

712. — Seize mèt. cub. cinq décim. cub.,
Quatre centim. cub. neuf millim. cub.,
Un mèt. cub. cent un centim. cub.,
Cent douze millions mille trente millim. cub.,
Vingt m. cub. quatre cent onze centim. cub.,

713. — Trente mille cent soixante cent. cub.,
Vingt millions douze mille seize millim. cub.,
Quatre décim. cub. mille quarante millim. cub.,
Quinze centim. cub.,
Un million de cent. cub.,

714. — Deux décim. cub. quarante cent. cub.,
Soixante décim. cub. mille douze millim. cub.,
Quinze déc. quatre centim. cub.,
Soixante-dix-huit millim. c
Un million de millim. cub.,

Réduction d'unités quelconques en unités supérieures et inférieures (*).

715. — Combien le mètre cub. vaut-il de déc. cub. ?
de centim. cub. ?
de millim. cub. ?

716. — Comb. un déc. cub. vaut-il de milli. cub. ?
de centim. cub. ?

717. — Comb. un cent. cub. vaut-il de milli. cub. ?

718. — Comb. de cent. cub. pour faire un m. cub. ?
un décim. cub. ?

719. — Comb. de mil. cub. pour faire un déc. cub. ?
un centim. cub. ?
un mèt. cub. ?

720. — Comb. de mèt. cub. dans 1000^{dm3} ?
dans 1000000^{cm3} ?
dans $7000 d^{m3}$?
dans $2350 d^{m3}$?
dans $725 d^{m3}$?

721. — Comb. de mèt. cub. dans 7456780^{cm3} ?
dans 84567^{cm3} ?
dans $1000000000 m^{m3}$?
dans $5746789454 m^{m3}$?
dans 8745^{dm3} ?

722. — Comb. de décim. cub. dans 1^{m3} ?
dans $2m^3 4$?
dans $0m^3,0745$?
dans $74520 c^{m}$?
dans $1274525 m^{m3}$?

723. — Comb. de cent. cub. dans $2^{m3},45$
dans $17^{dm3},01456$?
dans $7457 m^{m3}$?
dans $1^{dm3} 7 c^{m3}$?
dans $1^{m3} 75^{dm3}$?

724. — Comb. de mill. cub. dans $4^{dm3},070752$?
dans $745 c^{m3}$?
dans $3^{dm3} 4 c^{m3}$?
dans $5 c^{m3} 75$?

(*) Par des procédés analogues a ceux qui sont indiqués pages 52 et 53.

177. — L'unité des mesures de contenance est le *litre*.

178. — Le *litre* est un vase cylindrique dont la contenance égale un décimètre cube. (N° 165.)

179. — Le litre dérive du mètre puisqu'il contient un *décimètre* cube.

180. — Les multiples du litre sont :

Le KILOLITRE,
L'HECTOLITRE,
Le DÉCALITRE.

181. — Les sous-multiples du litre sont :

LE DÉCILITRE,
LE CENTILITRE.

Mesures effectives de contenance.

182. — Les mesures de contenance autorisées par la loi sont au nombre de 13, depuis l'hectolitre jusqu'au centilitre :

1° l'HECTOLITRE,	508mm de diamètre ou de hauteur à l'intérieur.		
2° le *demi-hectolitre*,	400	id.	id.
3° le *double décalitre*,	294	id.	id.
4° le DÉCALITRE.	233	id.	id.
5° le *demi-décalitre*,	185	id.	id.
6° le *double litre*,	136 ou 108 mm de diamètre,		
7° le LITRE.	108 ou 86	id.	
8° le *demi litre*,	86 ou 68	id.	
9° le *double décilitre*,	63 ou 50	id.	
10° le DÉCILITRE.	50 ou 40	id.	
11° le *demi-décilitre*,	40 ou 31	id.	
12° le *double centilitre*,	29 ou 23	id.	
13° le CENTILITRE.	23 ou 18	id.	

Les nombres ci-contre ne seront pas appris par cœur, mais les élèves devront montrer et dessiner les mesures au tableau.

Les seconds diamètres sont ceux des mesures dont la largeur n'est que la moitié de la hauteur.

183. — Ces mesures sont toutes de forme cylindrique ; elles servent à mesurer les liquides et les grains.

Mesures pour les liquides.

184. — 1° GRANDES MESURES. — Ces mesures sont au nombre de 5, depuis l'*hectolitre* jusqu'au *demi-décalitre*. Elles sont construites en cuivre, en tôle ou en fonte, et leur profondeur est égale à leur diamètre.

185. — 2° MESURES EN ÉTAIN. — Ces mesures sont au nombre de 8, depuis le *double litre* jusqu'au *centilitre*. La profondeur de ces mesures est double de leur diamètre.

Elles servent aux débitants pour mesurer le vin, l'eau-de-vie, etc., au détail.

186. — 3° MESURES POUR LE LAIT. — *Pour mesurer le lait,* on peut se servir de mesures en fer-blanc dont la profondeur égale le diamètre. Elles sont au nombre de 6, depuis le *double litre* jusqu'au *demi-décilitre.*

187. — 4° MESURES POUR L'HUILE. — *Pour mesurer l'huile,* on peut aussi se servir de mesures en fer-blanc construites comme les précédentes. Elles sont au nombre de 7, depuis le *litre* jusqu'au *centilitre.*

Mesures pour les grains.

188. — Ces mesures sont au nombre de 11, depuis l'*hectolitre* jusqu'au *demi-décilitre.* Elles sont ordinairement construites en bois de chêne, et leur profondeur est égale à leur diamètre.

La partie supérieure de ces mesures est garnie d'une bande de tôle rabattue pour en conserver les dimensions.

POIDS

189. — L'unité de poids est le *gramme.*

190. — Le *gramme* est le poids d'un centimètre cube d'eau pure, à son maximum de densité (*).

191. — Le gramme dérive du mètre, puisqu'il est le poids d'un centimètre cube d'eau pure. (V. *Supplém.*, n° 29.)

192. — Les multiples du gramme sont :

Le MYRIAGRAMME,
Le **kilogramme**,
L'HECTOGRAMME,
Le DÉCAGRAMME.

193. — Les sous-multip. du gramme sont :

Le DÉCIGRAMME,
Le CENTIGRAMME,
Le MILLIGRAMME.

Montrer et dessiner tous ces poids. (**) Le kilog. est souvent pris pour unité.

94. — Le *quintal métrique* vaut 100 kilogrammes ;
Le *tonneau de mer* vaut 1,000 kilogrammes.

195. — Pour peser, on se sert de *balances* et de *poids.*

Balances.

196. — Il y a trois sortes de balances : 1° la *balance à bras égaux ;* 2° la *romaine ;* 3° la *balance bascuiz.*

(Montrer ces différentes sortes de balances sur nos *Tableaux de poids et mesures* et expliquer la manière de s'en servir)

(*) C.-à-d. à la température de 4 degrés centigrades, alors qu'elle pèse le plus.
(**) En commençant par les poids en cuivre, grandeur naturelle.

197. — Les poids effectifs autorisés par la loi sont au nombre de 24, divisés en 3 séries, savoir.

Gros poids.
- 1° — 50 *kilogrammes,* (5 myriag. ou demi-quintal)
- 2° — 20 *kilogrammes,* (2 myriag. ou doub. myriag.)
- 3° — *10 KILOGRAMMES, (1 myriag.)
- 4° — 5 *kilogrammes,* (5 kilog. ou demi-myriag.)
- 5° — *2 *kilogrammes,* (2 kilog. ou double-kilog.)

Poids moyens.
- 6° — 1 KILOGRAMME, (1 kilog.)
- 7° — *demi-kilogramme,* (5 hectog.)
- 8° — *doub. hectogramme,* (2 hectog.)
- 9° — *HECTOGRAMME, (1 hectog.)
- 10° — *demi-hectogramme,* (5 décag.)
- 11° — *doub. décagramme,* (2 décag.)
- 12° — *DÉCAGRAMME, (1 décag.)
- 13° — *demi-décagramme,* (5 grammes)
- 14° — *double gramme,* (2 grammes)

Petits poids.
- 15° — GRAMME, (1 gramme)
- 16° — *demi-gramme,* (5 décig.)
- 17° — *double décigramme,* (2 décig.)
- 18° — *DÉCIGRAMME, (1 décig.)
- 19° — *demi-décigramme,* (5 centig.)
- 20° — *double centigramme* (2 centig.)
- 21° — *CENTIGRAMME, (1 centig.)
- 22° — *demi-centigramme,* (5 millig.)
- 23° — *doub. milligramme* (2 millig.)
- 24° — MILLIGRAMME. (1 millig.)

Les élèves doivent se familiariser avec les mesures, les poids et les monnaies, au point de pouvoir les reconnaître de loin et à première vue.

Ils doivent aussi s'appliquer à trouver, sans le secours des balances, le poids des objets qu'ils ont sous la main.

198. — POIDS EN FER. — Les poids peuvent être construits en *fonte de fer* depuis 50 *kilog.* jusqu'au *demi-hectog.* (10 poids).

Ces poids ont tous la forme d'une pyramide tronquée, creuse en dessous (*), et sont munis d'un anneau à la partie supérieure.

Les poids de 50 et de 20 kilog. ont pour base un rectangle à angles arrondis. Les autres ont pour base un hexagone régulier.

199. — POIDS EN CUIVRE. — Les poids peuvent être construits en *cuivre* depuis 20 *kil.* jusqu'au *gramme* (14 poids).

Ces poids ont la forme d'un cylindre creux surmonté d'un bouton. La hauteur du cylindre est égale à son diamètre, et la hauteur du bouton en est la moitié, excepté pour les poids de 2 grammes et de 1 gramme, dont la largeur est augmentée afin de pouvoir y inscrire le nom du poids.

(*) Afin qu'on puisse y introduire du plomb ou de la grenaille de fer qui permettrait de les réparer facilement.

200. —Petits poids. — Au-dessous du gramme, les poids sont de petites plaques de cuivre minces et carrées dont un des angles est relevé pour qu'on puisse les prendre avec des pincettes. (9 poids sont construits ainsi.)

Séries de poids.

201. — Les poids depuis 50 *kilog.* jusqu'au *kilog.* se nomment *gros poids*. Dans cette série, il y a *deux poids* de 10 et de 2 *kilog.* ; sans cela on ne pourrait peser tous les poids depuis 50 jusqu'à 1 kilog.

202. — Les poids depuis le *kilog.* jusqu'au *gramme* se nomment *poids moyens*. Dans cette série, il y a *deux poids* de 1 *hectog.*, de 1 *décag.*, et de 2 *gramm.* (On peut remarquer que, dans chaque série, ce sont les unités principales intermédiaires et l'avant-dernier poids qui sont doubles.)

203. — Les poids depuis le *gramme* jusqu'au *milligramme* se nomment *petits poids*. Dans cette série, il y a *deux poids de* 1 *décig.*, de 1 *centig.* et de 2 *milligr.*

(Les poids doubles sont marqués d'une étoile au tableau n° 197.)

204. — Poids en forme de godets coniques. — Les poids, depuis le *kilog.* jusqu'au *gramme* (poids moyens), peuvent être construits en forme de godets coniques qui s'empilent les uns dans les autres, et dont le plus grand est une boîte qui les renferme tous. Ces poids, qui favorisaient la fraude, ne sont plus guère employés que chez les pharmaciens.

Exercices sur les poids.

725. — Quels poids mettrez-vous pour peser 76 kilog. (*) ?

```
Le poids de 50 kilog.  . . . . .  50 kilog.
Le poids de 20 kilog.  . . . . .  20
Le poids de  5 kilog.  . . . . .   5
Le poids de  1 kilog.  . . . . .   1
                                  ________
         Total.  . . . . .  76 kilog.
```

726. — Quels poids mettrez-vous pour peser 125 kilog. ? (**),

727. — Quels poids mettrez-vous pour peser 500^{gr} (liv. anc.)?

728. — Si un double hectolitre de blé pèse 159 kilog., quels poids faut-il pour le peser ?

729. — Quels poids faudra-t-il pour faire équilibre à 1^{k},725?

730. — On suppose qu'un objet pèse 7 kilog. 45 décag.; quels poids lui feront équilibre ?

731. — Quels poids mettrez-vous pour peser 19^{k},139 ?

732. — Quels poids mettrez-vous pour peser 250^{gr} (demi-livre)?

733. — Quels poids faut-il pour peser 125^{gr} (quart de la livre) ?

734. — Quels poids feraient équilibre à un objet pesant 0^{gr},748?

735. — Quels poids met-on pour peser 725^{gr},94 ?

736. — Quels poids mettrait-on pour peser 19^{gr},179 ?

(*) Faites disposer comme il suit chacune des réponses.
(**) On doit avoir à sa disposition autant de poids de 50 kil. qu'il est nécessaire.

MONNAIES.

205. — **L'unité** des monnaies est le *franc*.

206. — Le *franc* est une pièce de monnaie d'argent qui pèse *cinq* grammes.

207. — Le franc dérive du mètre puisqu'il pèse 5 grammes et que le gramme est basé sur le mètre.

208. — Le franc n'a pas de multiples.

209. — Les sous-multiples du franc sont le DÉCIME et le CENTIME.

210. — TABLEAU DES PIÈCES DE MONNAIE.

$ en or :

La pièce de		qui pèse	et qui a
La pièce de	100 fr.	qui pèse 32^{gr},258	et qui a 34m^{mt} de diamèt.
	50 fr.	16 ,129	28
	20 fr.	6 ,451	21
	10 fr.	3 ,226	19
	5 fr.	1 ,613	17

$ en argent :

La pièce de	5 fr.	qui pèse 25^{gr},	et qui a 37m^{mt} de diamèt.
	2 fr.	10	27
	1 fr.	5	23
	0 fr. 50	2 ,5	18
	0 fr. 20	1	15

$ en bronze :

La pièce de	0 fr. 10	qui pèse 10^{gr},	et qui a 30m^{mt} de diamèt.
	0 fr. 05	5	25
	0 fr. 02	2	20
	0 fr. 01	1	15

Titres des monnaies.

211. — Les pièces d'or et celle de 5 fr. en argent sont composées de 9 dixièmes d'or ou d'argent pur et d'*un* dixième de cuivre. Les autres pièces d'argent sont au titre de 835 millièmes, c.-à-d. qu'elles contiennent 835 millièmes d'argent pur et 165 de cuivre.

212. — Les pièces de bronze sont composées de 95 centièmes de cuivre, de 4 centièmes d'étain et de 1 centième de zinc.

Exercices sur les titres des monnaies.

737. — Combien y a-t-il de cuivre dans une somme en or pesant 322^{gr}58 ?

738. — Combien y a-t-il de cuivre 1° dans 10^{ks} de pièces de 5 fr. en arg. ? — 2° Dans d'autres pièces d'arg. ?

739. — Combien y a-t-il d'or pur dans 322^{gr}58 de monnaie d'or ?

740. — Combien y a-t-il d'argent pur 1° dans 11^{k}5 de pièces de 5 fr. ? — 2° Dans 11^{k}5 d'autres pièces ?

741. — Dans 2^{k}50 de monnaie de bronze, combien y a-t-il de cuivre ?

742. — Combien y a-t-il d'étain ? — Et de zinc ?

743. — Avec 1 kilog. d'argent pur, combien peut-on faire de pièces de 5 fr. ?

Exercices
sur la valeur relative des mesures métriques.

(L'élève dira ou écrira les réponses.)

744. — Qu'est-ce que 1 déci. relativement au mèt. ?
5 déci. relativement au mèt. ?
50 centi. relativement au m. ?

745. — Qu'est-ce que 20 centi. relativement au m. ?
5 centi. relativem. au déci. ?
50 milli. relativem. au déci. ?

746. — Qu'est-ce que 50 centiares relativ. à l'are?
25 ares relativem. à l'hect. ?
1 déci. car. relat. au m. car. ?

747. — Qu'est-ce que 10 déci. car. relat. au m. car. ?
100 cent. car. rel. au m. car. ?
25 déci. car. rel. au m. car. ?

748. — Qu'est-ce que 25 cent. car. rel. au déc. car. ?
le mèt. car. rel. à l'hect. car. ?
1 décistère relat. au décast. ?

749. — Qu'est-ce que 5 décistères relat. au stère?
2 stères relat. au décastère?
100 déc. cub. rel. au m. cub. ?

750. — Qu'est-ce que le cent. cub. rel. au déc. cub.?
200 cen. cub. rel. au déc. cub?
500 déc. cub. rel. au m. cub. ?

751. — Qu'est-ce que 500 cen. cub. rel. au déc. cub.?
10 déc. cub. rel. au m. cub. ?
le décilitre relativ. au litre?

752. — Qu'est-ce que le demi-décil. relat. au litre?
le litre relativ. à l'hectolitre?
25 litres relat. à l'hectolitre?

753. — Qu'est-ce que 50 litres rel. au double hect. ?
40 litres rel. au double hect. ?
le double décal. rel. à l'hect. ?

754. — Qu'est-ce que 50 centig. relat. au gramme?
le gramme relativ. au kilog. ?
250 grammes rel. au kilog. ?

755. — Qu'est-ce que 500 grammes rel. au kilog. ?
250 gram. rel. au demi-kilog.?
le double hectog, rel. au kil. ?

756. — Qu'est-ce que le décag. rel. à l'hectogram. ?
50 centimes relat. au franc?
2 décimes relativ. au franc?

757. — Qu'est-ce que le décim. relat. au décam. ?
le demi-lit. rel. au décalitre?
le double déc. rel. au gram. ?

Nota. — Chacune de ces questions peut donner lieu, par la réciproque, à deux autres questions qu'il importe de faire aux élèves, afin de multiplier les exercices, mais surtout afin de s'assurer si les enfants ont la parfaite intelligence et de la question et de leur réponse. On demandera donc : Combien le mètre vaut-il de décim. ? Combien faut-il de décimètres pour faire un mèt. ?

Observations générales.

213. — Toutes les mesures et tous les poids doivent porter visiblement le nom de la mesure ou du poids qu'ils représentent, ainsi que le nom ou la marque du fabricant.

214. — Ils doivent, en outre, être poinçonnés avant d'être livrés au commerce, et, chaque année, les commerçants sont tenus de présenter les mesures ou les poids à leur usage au vérificateur, qui y appose un nouveau poinçon, après en avoir vérifié l'exactitude.

RAPPORTS QUI EXISTENT ENTRE LES MESURES DU SYSTÈME MÉTRIQUE.

1° Mesures de superficie.

215. — Puisque le DÉCAMÈTRE CARRÉ est égal à l'ARE,

Le mét. car. (100° part. du déca.²) est égal au *centiare* (100° part. d. l'are),
L'*hectom. car.* (100 decam.² est égal à l'*hectare* (100 ares);
Le *kilom. car.* (100 hectom.²) est égal à 100 *hectares* (myriare);
Le *myriam. carré* (10000 hectomèt.²) est égal à 10000 *hectares*;
et réciproquement.

2° Mesures de volume ou de solidité.

216. — Puisque le STÈRE est un MÈTRE CUBE,
Le *décastère* égale 10 *mètres cubes*;
Le *décistère* égale 100 *décim. cubes* (10° partie du mèt. ³).

3° Mesures de volume. — Mesures de contenance.

217. — Puisque le LITRE égale un DÉCIMÈTRE CUBE,
Le *décilitre* (10° partie du litre) égale 100 *centim.*³ (10° du décim. ³);
Le *centilitre* (100° partie du litre) égale 10 *centim.*³ (100° du décim.³);
Le millilit. qui n'est pas usité (100° part. du lit.) serait 1 *centim*³. (1000° du d°³);
Le *décalitre* (10 litres) égale 10 *décim.*³;
L'*hectolitre* (100 litres) égale 100 *décim.*³;
Le *kilolitre* (1000 litres) égale 1000 *décim.*³ ou *un mètre cube*

4° Mesures de volume, — de capacité, — de poids.

218. — Puisqu'un CENT.³ d'eau pure pèse 1 GRAMME,
10 *centim.*³ ou *le centilitre* d'eau pure pèsent 1 *décag.* (10 *gram.*);
100 *centim.*³ ou *le décilitre* — 1 *hectog.* (100 *gram.*);
1000 *centim.*³ (*décim.*³) ou *le* LITRE — 1 KILOG. (1000 *gram.*);
10 *décim.*³ ou *le décalitre* — 10 *kilog.* (ou un *myriag.*);
100 *décim.*³ ou *l'hectolitre* — 100 *kilog.* (ou un *quintal*);
1000 *décim.*³ (*mèt.*³) ou *le kilolitre* — 1000 *kilog.* (ou un *tonneau de mer*).

5ᵉ Poids des monnaies.

MONNAIE D'ARGENT. — On a vu (page 73) que

219. — La pièce de 1 fr.   pèse   5 grammes;
  id.   2 fr.   id.   10 gram. ou 1 décag.;
  id.   5 fr.   id.   25 gram.;
  id.   0 fr. 50 id.   2^{gr},5;
  id.   0 fr. 20 id.   1 gramme.

Donc, en général,

220. — *Pour trouver le poids d'une somme quelconque en argent*, on multipl. 5 gr. par cette somme exprimée en francs.

MONNAIE D'OR. — Voir au tableau, page 73, le poids des pièces d'or.

221. Une somme en or pèse 15 fois et demie moins que la même somme en argent; — donc

222. — *En divisant le poids d'une somme en argent par 15,5, on a le poids de la même somme en or;*

223. — *En multipliant le poids d'une somme en or par 15,5 on a le poids de la même somme en argent.*

224. Un franc en or pèserait 0^{gr},32258.

MONNAIE DE BRONZE. — On a vu (page 73) que

225. — La pièce de 1 centime   pèse   1 gramme;
  id.   2 centimes pèse   2 gr. (*double gramm.*);
  id.   5 centimes pèse   5 gr. (*demi-décag.*);
  id.   10 centimes pèse   10 gr. (*décagramme*);
  Un franc en bronze pèse 100 gr. (*hectogramme*);

Donc, en général,

226. — *Pour trouver le poids d'une somme en bronze*, on multiplie 100 gr. par cette somme exprimée en francs (*).

227. Une somme en bronze pèse 20 fois plus que la même somme en argent.

EXERCICES SUR LES RAPPORTS QUI EXISTENT ENTRE LES MESURES MÉTRIQUES.

1° Mesures de superficie.

758. — Combien y a-t-il d'*ares* dans 13 décam.^{2}?
                dans 8 décam.^{2}?
                dans 1D^m,25?
                dans 734 mèt.^{2}?
                dans 1270 mèt.^{2}?

759. — Combien y a-t-il de *centiares* dans 100 mèt.^{2}?
                dans 32 m.^{2},15?
                dans 325 décim.^{2}?
                dans 1 décam.^{2}?
                dans 7 décam.^{2},15?

(*) La somme exprimée en centimes représente en grammes le poids de cette somme. Autant de centimes, autant de grammes.

760. — Combien y a-t-il d'hectares dans 2H^{m2}?
dans 3H^{m2},19?
dans 7250^{m2}?
dans 1K^{2}3 45?
dans 27456^{m2}?

761. — Combien y a-t-il de décam^2. dans 18^a?
dans 3^{a}50?
dans 175 centia?
dans 1 hect^a.8ar.?
dans 328^a,9 centia?

762. — Combien y a-t-il de mèt^2. dans 1 are?
dans 17^a 20?
dans 0^a,35?
dans 2^a,725?
dans 0^a,0846?

763. — Combien y a-t-il de décim^2. dans 1 are?
dans 1 centia?
dans 3^a,08?
dans 0^a,0945?
dans 0^a,07255?

764. — Combien y a-t-il d'hectom^2. dans 2 hecta.?
dans 1 H^a,25?
dans 172 ares?
dans 2H^a,09^a,15?
dans 130^a,725?

765. — Combien y a-t-il de kilom^2. dans 100 hect^a,?
dans 10000 ares?
dans 1000000 c^a?
dans 7125H^a25?
dans 315678 ares?

766. — Combien y a-t-il de myriam^2 dans 10000 hect^a?
dans 74500 hect^a?
dans 1000000 d'ares?
dans 74567280 ares?
dans 100000000 de c^a?

2ᵉ Mesures de volumes.

767. — Combien y a-t-il de *décist.* dans 1 mèt. cub. ?
                                                dans 1000 décim.³ ?
                                                dans 2ᵐ,456 ?
                                                dans 148 décim. ³ ?
                                                dans 39ᵈᵐ³,75 ?

768. — Combien y a-t-il de *décim*³. dans 1 stère ?
                                                dans 1 décist. ?
                                                dans 2ˢᵗ,4 ?
                                                dans un décast ?
                                                dans 28ˢᵗ,045 ?

3ᵉ Mesures de volume. — Mesures de contenance.

769. — Combien y a-t-il d'*hectol.* dans 1 mèt ³.?
                                                dans 1000ᵈᵐ³ ?
                                                dans 2ᵐ³,425 ?
                                                dans 329ᵈᵐ³ ?
                                                dans 0ᵐ³,075 ?

770. — Combien y a-t-il de *décalit.* dans 1ᵐ³ ?
                                                dans 1000ᵈᵐ³ ?
                                                dans 2ᵐ³,425 ?
                                                dans 329ᵈᵐ³ ?
                                                dans 0ᵐ³,075 ?

771. — Combien y a-t-il de *litres.* dans 1ᵐ³ ?
                                                dans 27ᵈᵐ³ ?
                                                dans 2ᵐ³,5 ?
                                                dans 3ᵈᵐ,45 ?
                                                dans 72450ᶜᵐ³ ?

772. — Combien y a-t-il de *décim* ³. dans 20 décilᵗ ?
                                                dans 2ᴅˡᵗ,04 ?
                                                dans 1ᴴˡᵗ,45 ?
                                                dans 29ˡᵗ,45 ?
                                                dans 225 centilᵗ ?

773. — Combien y a-t-il de *centim*³. dans 40 centil.,
                                                dans 3 décil. ?
                                                dans 1ˡᵗ,25 ?
                                                dans 3ᴅˡᵗ,125 ?
                                                dans 1 hectol.

4° Mesures de volume, — de capacité, — de poids.

774. — Quel est en k^g le poids de 120 décim^3 d'eau?
de 6^{m3}?
de 12^{m3}678?
de 4^{dm}354?
de 7456^{cm3}?

775. — Quel est en h^g le poids de 37^{dm3} d'eau?
de 1^{dm3}456?
da 750^{cm3}?
de 9485^{mm3}?
de 1^{m3}?

776. — Quel est en g^r le poids de 2^{dm3}45 d'eau?
de 3^{cm3}450?
de 7756^{mm3}?
de 8^{dm}54^{cm3}?
de 0^{dm3}746785?

777. — Quel est en k^g le poids de 1 hectol. d'eau?
de 2^{hll}25?
de 745^{lit}24?
de 27 décal.?
37^{hect}4^{lit}?

778. — Quel est en k^g le poids de 25 décil. d'eau?
de 3$_D$^{l}42?
de 9^{hl}1250?
de 3475 centil.?
de 15^{lit}745?

779. — Quelle est en li^t la capacité d'un vase qui
contient 39^{kg}5 d'eau?
12775$_D$^{g}?
975^g?
1^{kg}2$_D$^{g}25^{dg}?
4275^{gr}?

780 — Quelle est en h^l la capacité d'un fût qui
contient 375^{kg} d'eau?
472^{kg}05?
37$_M$^{gr}25?
16 quintaux?
38 myriag^r?

5° Poids des monnaies.

1° MONNAIE D'ARGENT.

781. — Quel est le poids de 100 fr. en monnaie d'argent?
782. — Quel est le poids de 9474 fr.   id.
783. — Quel est le poids de 50 fr.   id.
784. — Quel est le poids de 45 fr. 50   id.
785. — Quel est le poids de 0 fr. 75   id.
786. — Quel est le poids de 25000 fr.   id.
787. — Quelle est la somme contenue dans un sac rempli de monnaie d'argent et pesant 27 kil., 5, si l'on diminue 75 grammes pour le poids du sac?
788. — Combien y a-t-il de pièces de 5 fr. dans une somme en argent pesant 4 kil. 725 ?

2° MONNAIE D'OR.

789. — Quel est le poids de 100 fr. en monnaie d'or ?
790. — Quel est le poids de 9450 fr.   id.
791. — Quel est le poids de 25755 fr.   id.
792. — Quel est le poids de 50000 fr.   id.
793. — Quel est le poids de 75 fr.   id.
794. — Quelle est la somme contenue dans un sac rempli de monnaie d'or et pesant 869ᵍ si l'on ôte 50ᵍ pour le poids du sac?
795. — Combien y a-t-il de pièces de 20 fr. dans une somme en or pesant 864 gr. 434 ?

3° MONNAIE DE BRONZE.

796. — Quel est le poids de 3 fr. 50 en monnaie de bronze ?
797. — Quel est le poids de 19 fr. 35   id.
798. — Quel est le poids de 100 fr.   id.
799. — Quelle est la somme contenue dans un sac rempli de monnaie de bronze et pesant 9 kilogr. 75, si l'on diminue 80 gr. pour le poids du sac ?
800. — Combien y a-t-il de pièces de 5 centimes dans une somme de bronze pesant 3 hect. 15 ?

Poids respectifs des monnaies.

801. — 440 fr. en arg. pèsent 2ᵏ200 ; quel est le poids de la même somme, 1° en or, 2° en bronze ?
802. — 350 fr. en or pèsent 112ᵍ903 ; quel est le poids de la même somme, 1° en arg., 2° en br. ?
803. — 100 fr. en br. pèsent 10ᵏᵍ ; quel est le poids de la même somme, 1° en or, 2° en arg. ?
804. — Quelle somme en or pèse autant que 430ᶠ en arg. ?
805. — Quelle somme en arg. pèse autant que 13330ᶠ en or ?
806. — Quelle somme en or pèse autant que 10ᶠ en br. ?
807. — Quelle somme en ar. pèse autant que 4ᶠʳ25 en br. ?
808. — Quelle somme en br. pèse autant que 6200ᶠʳ. en or ?
809. — Quelle somme en br. pèse autant que 170ᶠ en arg. ?

(On peut aussi faire écrire les réponses.)

1° Dans un nombre exprimé en mètres, à quel rang se trouve le chiffre des déca. ? celui des myria. ? celui des déci. ? celui des kil. ? — Que représente le 3e chiffre à gauche de la virgule ? le 3e à droite ?

2° Dans un nombre exprimé en mèt. car., à quel rang se trouve le chiffre des décam. car. ? celui des myria. car. ? celui des décim. car. ? Que représente le 3e chiffre à gauche de la virgule ? le 3e à droite ?

3° Le décam. étant composé de 50 chaînons, quelle est la long. de chacun ? Combien y a-t-il de chaînons dans le double décam. ? Comb. porte-t-on de fois le double décam. pour mesurer un kilom. ?

4° Combien 2 dixièmes de mèt. car. font-ils de décim car. ? Comb. 2 centièmes de mèt. car. font-ils de cent. car. ? Combien faut-il de millim. car. pour faire un millième de m. car. ? un dixième ?

5° Combien 2 dixièmes de mèt. cube font-ils de décim. cubes ? Comb. 2 centièmes de mèt. cube font-ils de centim. cub. ? Comb. faut-il de millim. cub. pour faire un 1000e de m. cub. ? un 10e ?

6° En se servant des plus grandes mesures qu'il sera possible, desquelles se servira-t-on pour mesurer 49 lit. de grain ? 176 lit. de vin ? 0lit45 de liqueur ? 3 litres 4 de blé ? 6 litres 29 d'huile ?

7° Quels poids met-on pour peser 500gr ? 250gr ? 125gr ? De quelles pièces de monnaie pourrait-on se servir pour peser 500g ? 250g ? 125g ? 5g ? Comb. pèsent ensemble les 4 pièces de bronze ? les 5 d'argent ?

8° Combien le centiare vaut-il de mèt. car. ? et l'are ? et l'hectare ? Comb. le décam. car. vaut-il d'ares ? et l'hect. car. ? et le kilom. car. ? Pour faire un are, comb. faut-il de décim. car. ? et de 10es de m. car. ?

9° Comb. le décistère vaut-il de décim. cub. ? et le double stère ? Quelle différence y a-t-il entre le décist. et le 10e de m. cube ? Comb. le décist. vaut-il de dixièmes de m. cube ? de centièmes ? de 1000es ?

10° Quelle est en lit. la contenance d'une bouteille qui pèse vide 2kg, et 6kg quand elle est remplie d'eau ? Quel est le poids de l'eau contenue dans une barrique de 114 doubles litres ? Dans un tonneau de 750 doubles lit. Combien de quintaux ?

11° Combien de pas de 0m 8 un enfant fera-t-il pour parcourir 1 kilom. ? S'il fait 100 pas par minute, en combien de temps parcourra-t-il 1 kil. ? 4 kil. ? Quel chemin fera-t-il en un quart d'heure, une demi-heure ? une heure ?

12° Combien de bûches de 0m50 de longueur sur 1 décim. d'équarrissage peut-on faire avec un m. cube ou un stère de bois plein ? avec un décistère ? Combien en ferait-on si les bûches n'avaient qu'un demi-décimètre d'équarrissage ?

13° Si un litre vaut 6 verres, combien de verres dans une futaille de 7 hectol. ? Combien de petits verres d'un double centilitre dans un fût de 30 litres d'eau-de-vie ? Quel est le prix de cette eau-de-vie à 0 fr. 15 le verre ?

14° Si un demi-décil. peut contenir 100 grains de blé, combien de grains de blé dans un litre ? un double litre ? un décalitre ? un demi-hectolitre ? un hectolitre ? dans un sac de 2 hectolitres ?

Problèmes de récapitulation sur les nombres entiers, les nombres décimaux et les nombres métriques.

Les observations de la page 38 trouvent ici une nouvelle et importante application. — Les problèmes qui suivent seront faits avec plus ou moins de raisonnement, suivant la force des élèves ; mais il faut toujours exiger que le résultat de chaque opération soit suivi de quelques mots d'explication ; et, dans tous les cas, tenir la main à ce que l'énoncé du problème soit soigneusement et correctement écrit, ainsi que tout ce que comporte la solution. Il faut aussi accoutumer les enfants à disposer leurs calculs dans un ordre qui permette au maître de saisir d'un coup d'œil la marche suivie, et aux élèves de rendre compte de leurs opérations.

Il ne faut pas non plus perdre de vue le parti que l'on peut tirer de l'énoncé de la plupart des problèmes pour donner aux enfants d'utiles enseignements sur l'agriculture, l'industrie, le commerce, l'économie domestique, etc., par les données relatives à la nature des denrées ou des marchandises, à leur usage, leur prix ordinaire, etc.

810. — Un mercier qui me devait 215 fr. m'a donné en paiement 36^m,50 de toile à 1 fr. 30 le mètre, et 8^m de drap à 19 fr. 50 le mètre. Combien me doit-il encore ?

811. — Quelqu'un reçoit 195 fr. tous les deux mois, plus une rente de 87 fr. par an ; il dépense en moyenne 3 fr. 25 par jour ; que lui reste-t-il à la fin de l'année ?

812. — Pour me faire un habit, j'ai acheté 1^m,85 de drap, à 27 fr. 80 le mètre, 1^m,70 de doublure à 0 fr. 85 le mètre ; j'ai payé pour 6 fr. 45 de fournitures et 15 fr. de façon. A combien me revient mon habit ?

813. — Un ouvrier gagne 4 fr. 20 par jour et se repose le dimanche. Quelle doit être sa dépense journalière, en supposant qu'il mette de côté le quart de son salaire ?

814. — Un commis reçoit 1380 fr. d'appointements par an ; il a perdu 4 mois ; combien doit-on lui retenir ?

(Résoudre ces deux dernières questions par le calcul mental.)

815. — J'ai acheté quatre douzaines de foulards à raison de 4 fr. 50 la pièce ; je donne en paiement 11^{m}50 de drap à 21 fr. 60 le mètre ; combien doit-on me rendre ?

816. — Pour faire une chemise il faut 3^{m}25 de toile. J'ai l'intention d'en avoir une douzaine en toile de 1 fr. 35 le mètre. Combien cela me coûtera-t-il si l'on me prend 2 fr. 10 par chemise pour les faire ?

817. — J'ai acheté 16 paquets de chacun 25 plumes à 1 fr. 90 le cent ; je les ai revendus à raison de 0 fr. 02 la plume. Quel a été mon bénéfice ?

818. — Un journalier m'a fait 25 journées de chacune 1 fr. 40 ; je lui ai payé 5 fr. d'abord, puis 7 fr. 80 ; ensuite je lui ai fourni 16 litres de pois à 0 fr. 75 le litre. Combien lui dois-je encore ?

819. — Un maître a 4 ouvriers ; le 1er gagne 4 fr. 25 par jour ; le 2e, 4 fr. ; le 3e, 3 fr. 75 ; le 4e, 3 fr. 70. Quelle somme lui faut-il pour les payer tous au bout de 24 jours ?

820. — Pour 448 fr. 25, un forgeron a eu 645 kilog. de fer. Combien doit-il revendre chaque kilog. s'il veut gagner 100 fr. sur le tout ?

821. — Quinze pièces contenant chacune 12 mouchoirs coûtent 180 fr. d'achat, 1 fr. 80 de port et 3 fr. 60 d'emballage. On revend chaque mouchoir 1 fr. 25 ; quel sera le bénéfice ?

822. — Un ouvrier doit 33 fr. 30 qu'il ne peut payer qu'en retenant 0 fr. 15 sur son salaire de chaque jour. Il travaille 6 jours la semaine. En combien de semaines aura-t-il économisé le montant de sa dette ?

823. — Un boucher a acheté un bœuf 330 fr. ; tous frais payés, l'animal revient à 350 fr. Le boucher vend pour 33 fr. 75 d'issues ; 58 kilog. de suif à 1 fr. 95, et 250 kilog. de viande à 0 fr. 95. Quel est son bénéfice ?

824. — On a donné 215 m. de drap pour en payer 1290 de toile. A combien revient le mèt. de toile si celui de drap vaut 15 f. ?

825. — Mon boulanger m'a fourni 46 pains de 6ᵏˢ, dont 25 à 2 fr. 65 chaque pain et le reste à 2 fr. 70. Que lui dois-je ?

*** 825.** — Lorsque le pain vaut 0 fr. 45 le kilog. et la viande 1 fr. 10, combien aura-t-on de kil. de chaque sorte pour 18 fr. 60 si l'on en veut autant de l'une que de l'autre ?

827. — Un porc qui coûtait 13 fr. 30, a consommé 230 kilog. de son à 0 fr. 08 le kilog. et 4 hectol. de pommes de terre à 5 fr. 50 l'hect. Tué et vidé, l'animal pèse 49 kil. A combien revient le kil. de cette viande ?

828. — Un cheval a consommé dans une année 300 bottes de foin, à 42 fr. le cent ; 175 bottes de paille, à 0 fr. 35 la botte ; 5 hectol. d'avoine, à 13 fr. l'hectol. D'un autre côté, on a vendu pour 45 fr. de fumier. A combien se monte la dépense du cheval ?

829. — Une ferme se compose d'un herbage de 2 hectares 5 ares 25 centia., d'un autre de 5 hectares 50 centia. ; de 4 pièces de labour contenant ensemble 7 hecta. 0516 ; de 2 prés de chacun 89 ares 50. Dire la superficie totale de la ferme si le sol de l'habitation, la cour et le jardin potager présentent une étendue de 10 ares 9 centiares ?

830. — Combien aurait-on de pains de 12 demi-kilog. pour 226 fr. 80, si le demi-kilog. valait 0 fr. 225 ?

831. — Lorsque le demi-kilog. de pain vaudra **0 fr. 21,** combien aura-t-on de pains de 3 kilog. pour 64 fr. 26 ?

832. — Combien aura-t-on de kilog. de pain à **0 fr. 42** pour le prix de 12 kilog. de viande à 1 fr. 26 le kilog. ?

(Solution par le calcul mental.

833. — On a acheté 240 litres de cidre à raison de **0 fr. 15** le litre, et on y a ajouté 120 litres d'eau. A combien revient le litre de la boisson ainsi obtenue ?

834. — Un marchand a acheté 3 pièces de vin pour 302 fr. 40, à raison de 42 fr. l'hectol. La 1ʳᵉ contient 232 lit. 7 ; la 2ᵉ, 215 lit. Combien la 3ᵉ contient-elle ?

835. — On met en vente 16 hectares 9 ares 7 centia. d'herbages ; 9 hecta. 18 centia. de terres labourables et 254 ares de prés. Les herbages sont estimés 4500 fr. l'hectare ; les prés 4800 fr., et les terres labourables 38 fr. l'are. Combien vaut le tout ?

(A 38f l'are combien l'hectare ?)

836. — J'ai acheté 27 hectol. de pommes à raison de 2 fr. 10 le demi-hectolitre. Combien dois-je payer ?

837. — Trouvez ce que l'on doit pour 7 mottes de beurre dont 2 pèsent ensemble 16 kilog. 90 ; 3 autres 65 hectog. chacune, et les deux dernières, l'une 712 décag., et l'autre 7 kilog., à raison de 2 fr. 05 le kilog.

838. — Un épicier fait venir 26 pains de sucre, dont 9 pèsent 7 kilog. 25 chacun, et les autres chacun 65 hectog. 45. Que doit-il pour le tout à raison de 160 fr. les 100 kilog. ?

839. — Un épicier a acheté 156 lit. d'huile à 98 fr. l'hectol. ; 123 kilog. de sucre à 160 fr. les 100 kilog., et 12 kilog. de poivre à 3 fr. 25 le kilog. Il revend l'huile 1 fr. 10 le litre, le sucre 0 fr. 90 le demi-kilog. et le poivre 0 fr. 40 l'hectog. Quel sera son bénéfice ?

840. — Le droit d'entrée sur le cidre étant 2 fr. 55 par hectol., combien en coûtera-t-il pour 5 barriques contenant chacune 25 décalitres ?

841. — Partagez 8624 fr. entre 3 personnes, de manière que la 3ᵉ ait autant à elle seule que les deux autres, qui doivent avoir une part égale.

842. — Un tonneau de cidre de 1500 lit. coûte 180 fr. Combien doit payer une personne à qui l'on en a cédé 100 lit. au prix coûtant ? (Résoudre ces deux dernières questions par le calcul mental.)

843. — Un postillon a parcouru 31 myriam. 05 en 27 heures. Combien faisait-il de kilomètres par heure ?

844. — Un jardin de 2 ares 05 coûte, tous frais payés, 313 fr. 24. Combien est-ce l'hectare ?

845. — Un marchand de bois en a livré 17 décast. 25 pour 2829 fr. Combien est-ce le stère ?

846. — Trouvez la valeur de 2 couverts d'argent pesant chacun 185 gr. 8, à raison de 223 fr. 50 le kilog. ?

847. — Pour faire 560 doubles litres de cidre, on a employé 35 demi-hectol. de pommes qu'on a payés à raison de 1 fr. 60 le demi-hectol. A combien revient le double litre de cidre ?

848. — Un cultivateur a récolté 114 hectol. 82 de colza. Il vient de vendre cette graine à raison de 29 fr. 50 l'hectolitre, mais, en livrant, il devra donner 4 hectol. pour 100 en sus. Quelle somme recevra-t-il ?

849. — J'ai acheté 275 fagots au prix de 0 fr. 95 la pièce, plus 10 cent. par franc pour les frais de vente. On m'a ensuite donné 11 fagots en plus pour rien. En les revendant 1 fr. 15 la pièce, combien aurai-je de bénéfice ?

850. — Un faïencier a fait venir 300 assiettes qui lui coûtent 11 fr. le cent. Il s'en est trouvé 8 de cassées, et il veut revendre le reste de manière à être remboursé de 2 fr. 80 de frais et à gagner 8 fr. Combien doit-il revendre chaque assiette ?

851. — Si un cheval dépense 15 bottes de foin par semaine, pendant combien de semaines pourrai-je nourrir mes 12 chevaux avec quatre mille et demi de foin ?|

852. — Un propriétaire possède un revenu annuel de 1642 fr. 50. Il veut mettre de côté 1 fr. par jour ; que peut-il dépenser par jour ?

853. — 25 pièces de toile d'égale longueur coûtent 1 fr. 20 le mètre. Si on les revend à raison de 1 fr. 50 le mètre, on gagnera 150 fr. Quelle est la longueur de chaque pièce?

854. — Un commis voyageur reçoit 1095 fr. d'appointements par an, plus 5 fr. par jour pour frais de voyage. On demande ce qu'il peut économiser dans une année s'il ne dépense que 6 fr. par jour? (Solution par le calcul mental.)

855. — Un tailleur de verres reçoit 0 fr. 90 pour chaque verre qu'il taille d'une manière heureuse; il ne reçoit que 0 fr. 40 pour ceux qui présentent quelque défaut dans la taille; enfin il paie 0 fr. 50 pour ceux qu'il casse. Sur 4 douzaines, il gâte 8 verres, en casse 4 et remet le reste en bon état. Que lui est-il dû?

856. — J'ai acheté 85 bourrées au prix de 38 fr. 50 le cent. On paie en outre 0 fr. 15 par franc pour frais de vente. Combien dois-je pour le tout et à combien me revient chaque bourrée?

857. — Pour faire une blouse, il faut 2^m 85 de marchandise, et la façon coûte 1 fr. 95. Un marchand doit en faire confectionner 14 en toile de 1 fr. 35 le mètre; il espère les revendre 7 fr. 50 la pièce; combien gagnera-t-il?

858. — Un tonneau de cidre contenant 1400 litres coûte 140 fr.; les droits et autres frais se montent à 50 fr. Combien doit-on vendre le litre pour gagner 20 fr. sur le tout?

859. — Un cabaretier a acheté 115 litres d'eau-de-vie à 1 fr. 45 le litre; il a mélangé cette eau-de-vie avec 45 litres d'une autre qualité à 1 fr. 75 le lit. et a ajouté 5 lit. d'eau. Il revend le mélange 1 fr. 85 le litre; quel sera son bénéfice?

860. — Le boulanger m'a fourni 114 pains de 3 kilog., dont la moitié à 1 fr. 25 chaque pain et l'autre moitié à 1 fr. 15. Combien lui dois-je pour le tout?

861. — Je paie 1240 fr. pour le loyer d'une maison pendant un an; quel sera mon bénéfice si 8 sous-locataires me paient chacun 18 fr. par mois? (Solution par le calcul mental.)

862. — Un marchand d'huîtres m'en fait payer 3 bourriches de chacune 18 douzaines à raison de 0 fr. 30 la douzaine. Ces huîtres lui coûtent 18 fr. le mille; quel est son bénéfice sur la vente qu'il m'a faite?

863. — Un ouvrier m'a fait 14 journées de travail à 0 fr. 90 chacune, je lui ai fourni 15 kilog. de beurre à 1 fr. 80 le kilog.; combien doit-il me faire encore de journées pour s'acquitter?

864. — J'ai payé 17 fr. 50 pour 10 mètres de toile; quelle somme me faut-il pour acheter 34 mètres de la même toile?

865. — L'équipage d'un bateau pêcheur, composé du patron et de 18 marins, a gagné 6500 fr.; il doit être réservé 6 lots pour le bateau; le reste est partagé entre l'équipage de manière que le patron ait deux lots et chaque marin un lot. Dire la part revenant au bateau, au patron et à chaque marin.

866. — Pour un passavant, le droit sur le cidre étant de 0 fr. 55 par hectolitre, combien en coûtera-t-il pour un tonneau contenant 1350 litres?

867. — 35^{mq} 25 de terrain ont été cédés moyennant 53 fr. 58; combien est-ce l'are?

868. — Un commis a 0 fr. 0125 par franc sur les affaires qu'il fait. Quel est son profit s'il a compté 39260 fr. à son patron?

869. — Si 110 kilog. de sucre coûtent 165 fr., combien faut-il revendre 50 kilog. pour gagner le prix d'achat de 6 kilog.?

***870.** — On a payé 756 fr. pour 72^m de drap; combien faut-il revendre le mètre pour gagner 3 fr. sur 20 fr.?

871. — Combien faut-il de pièces de 5 fr. pour faire une somme égale à 27 pièces de 50 fr. et 15 de 20 fr.?

(Solution par le calcul mental.)

872. — Un pré ayant 137^m de longueur et 78^m 5 de largeur est entouré d'un fossé qu'on veut faire réparer; combien en coûtera-t-il si l'on donne 1 fr. 35 du décamètre?

(Tracer une figure représentant la forme du pré.)

873. — Deux personnes se partagent un champ rectangulaire de 20 décam. de long sur 4 de large : la première prend 29^a 46 et la deuxième a le reste. Que devra payer chacune d'elles si l'are vaut 42 fr. 70?

874. — On donne 3 fr. à un enfant qu'on envoie acheter un kilogramme et demi de sucre à 1 fr. 75 le kilog. Combien devra-t-il rapporter d'argent? (Solution par le calcul mental.)

875. — Un grainetier a acheté 13 doubles hectolitres d'avoine à raison de 8 fr. 70 l'hectol. Combien devra-t-il revendre chaque demi-hectolitre s'il veut gagner 19 fr. 50 sur le tout?

876. — On a acheté 2st 48 de bois à brûler pour 53 fr. 32. A combien reviennent les 15 millistères?

877. — Une personne a échangé 358 bottes de paille à 23 fr. 40 le cent contre 170 bottes de foin à 47 fr. le cent; combien lui doit-on en retour?

878. — Une pièce de terre de 80^a coûte 3416 fr. Deux acquéreurs se la partagent : le premier doit avoir 42^a 70 et le second le reste. Combien chacun doit-il payer?

879. — Si le litre de vin de Bordeaux pèse 996^{gr},5, quelle est la contenance d'une pièce qui pèse, pleine de vin, 269^{kg} 88, le fût pesant 22^{kg} 5?

880. — On me devait 1460 fr. 80; on m'a donné 745 fr. 25. Combien doit-on me fournir de mètres de drap à 9 fr. 60 pour payer ce qui m'est encore dû?

881. — Pour 995 fr. d'achat et 17 fr. 50 de port, un marchand a eu 568^{m}40 de toile qu'il a revendus à raison de 2 fr. 10 le mètre. Combien a-t-il gagné en tout et par mètre?

882. — Pour 2000 fr. on veut acheter autant de drap à 8 fr. 50 que d'une autre étoffe à 6 fr. 75 et que de toile à 1 fr. 25. Combien aura-t-on de mètres de chaque sorte?

883. — Une société composée d'autant d'hommes que de femmes a dépensé 250 fr. 25 à raison de 1 fr. 75 pour chaque homme et de 1 fr. 50 pour chaque femme. Combien y avait-il des unes et des autres? (Pour ces deux derniers prob., voir la solut. du n° 826.)

884. — Une fontaine de 2ᵐ 5 de long, 2ᵐ de large et 0ᵐ 4306 de profondeur a deux robinets ; par le 1ᵉʳ, il s'écoule 5ˡ 30 d'eau à la minute, et par le 2ᵉ, 7ˡ 75. Si les deux robinets coulent ensemble, en combien de temps la fontaine sera-t-elle vide ?

885. — Un fonctionnaire qui gagne 1500 fr. par an veut mettre de côté 475 fr. 60. Combien peut-il dépenser par mois, par semaine et par jour ?

886. — Un are de bonne plante de colza peut servir au repiquage de 5 ares. D'après cela, quelle étendue de terrain doit ensemencer un cultivateur qui désire planter en colza une pièce de 2ʰᵃ 37 ?

887. — Si un are de plante de colza vaut 5 fr., et qu'il en coûte par are de colza repiqué, savoir : 0 fr. 50 pour les labours, 0 fr. 35 pour l'arrachage et le repiquage de la plante, 3 fr. pour les engrais, 0 fr. 35 pour la récolte ; le fermage de la terre étant de 2 fr. l'are, quel sera par hectare le bénéfice du fermier, en admettant que le rendement soit de 30 l. par are et que la graine de colza vaille 27 fr. l'hectolitre ?

*888. — Trouvez, au moyen du tableau de la page 64, le volume total en stères de 4 pièces de bois dont les diamètres sont 0ᵐ 32, 0ᵐ 40, 0ᵐ 39, 0ᵐ 51, et les longueurs 1ᵐ, 2ᵐ 25, 3ᵐ et 4ᵐ 50 ?

889. — Pour 1000 fr., un marchand a eu 5 pièces de vin contenant chacune 560 litres. Le transport lui a coûté 49 fr. 60. Combien doit-il revendre le litre de ce vin pour gagner 0 fr. 25 par litre ?

*890. — Si j'avais 500 f. de plus, je pourrais payer 28ᵃ 60 de terre à 47 f. 60 l'are, et il me resterait 140 f. ; combien ai-je ?

891. — 5 hectolitres 12 litres de pois sont vendus 192 fr. ; combien est-ce le double litre ?

892. — Un tonneau de cidre contenant 1465ˡⁱᵗ a coûté 83 fr. d'achat, 4 fr. 50 de port et 7 fr. 80 de droits ; un autre tonneau contenant 1650 lit. a coûté 95 fr. d'achat, 6 fr. 45 de port et 8 fr. 50 de droits. Lequel est le plus cher ?

*893. — Deux pièces d'étoffe de même qualité ont coûté l'une 450 fr. et l'autre 670 fr. ; la 1ʳᵉ a 25 m. de moins que la 2ᵉ ; quelle est la longueur de l'une et de l'autre ?

894. — Deux voitures partent ensemble de Paris pour Versailles : la 1ʳᵉ fait 200 m. à la minute et s'arrête 5 minutes ; la 2ᵉ fait 250 m. à la minute et ne s'arrête point. Combien celle-ci arrivera-t-elle de temps avant l'autre, la distance étant de 20 kilomètres ?

*895. — Deux pièces d'étoffe de même qualité ont l'une 41ᵐ70 et l'autre 35ᵐ80 ; la première coûte 67 fr. 25 de plus que la seconde ; quel est le prix de chacune ?

896. — 0ᵐ37 de marchandise ont coûté 2 fr. 45 ; on demande :
1° Quel est le prix du mètre ?
2° Combien auraient coûté 18ᵐ50 ?
3° Combien de mètres on aurait pour 45 fr. 80 ?

*897. — Deux personnes doivent se partager la somme de 100 fr. ; la 1ʳᵉ doit avoir 20 fr. 75 de plus que la 2ᵉ ; dire la part de chacune.

*898. — Trois personnes se partagent 400 fr. ; la 1re doit avoir 25 fr. de plus que la 2e et celle-ci 43 fr. de plus que la 3e ; dire la part de chacune.

899. — Quatre personnes ont 1500 fr. à partager entre elles ; la 1re doit avoir 70 fr. de plus que la 2e, celle-ci 90 fr. de plus que la 3e, qui elle-même doit avoir 150 fr. de plus que la 4e ; faire le partage.

900. — Lorsqu'on paie 0 fr. 15 pour un verre de vin contenant 12 centil. 5, combien est-ce le litre ?

901. — 37 cent. 5 d'une certaine marchandise coûtent 0 fr. 75 ; combien est-ce le mètre ?

902. — 6 pièces de drap d'égale longueur et de même qualité sont vendues à raison de 11 fr. 60 le mètre. En les revendant 12 fr. 25 le mètre, le marchand gagnera en tout 241 fr. 80. Trouver la longueur de chaque pièce.

*903. — Un marchand de vin en a acheté cinq pièces d'égale grandeur pour 650 fr. ; il en a vendu 65 lit. pour 35 fr. 75 ; on sait, en outre, qu'il gagne 0 fr. 05 par lit. ; trouver la contenance de chaque pièce.

904. — Un ouvrage payé 35 fr. 75 a été fait par un ouvrier en 13 jours de 11 heures chacun ; combien gagnait-il par heure ?

905. — Combien faut-il de demi-kilog. de fer pour ferrer 6 chevaux pendant un an, si chaque fer pèse 25 décag., et qu'il faille les renouveler tous les mois ?

(Solution par le calcul mental.)

906. — Un entrepreneur occupe 8 ouvriers qui lui gagnent chacun 0 fr. 45 par jour ; en combien de jours lui auront-ils gagné 75 fr. 60, et quelle somme lui faudra-t-il pour les payer tous, s'il donne à chacun 2 fr. 25 par jour ?

907. — Un père de famille gagne 3 fr. 90 par jour et dépense 2 fr. 6o ; quelle est son économie de l'année s'il se repose le dimanche et huit jours de fête ?

908. — J'ai acheté sur pied, moyennant 172 fr., plus un décime par franc pour frais de vente, un champ de blé qui a fourni 219 gerbes. La récolte et le battage coûtent ensemble 51 fr. Je demande : 1° à combien me revient la gerbe de blé ; 2° quel sera le prix d'un double hectolitre si 9 gerbes produisent un demi-hectolitre ?

909. — Je revends 12 kilog. de café avarié au prix de 1 fr. 60 le kilog., et je perds 12 fr. 80 sur le tout. Combien avais-je payé le kilogr. de ce café ?

910. — Un rentier qui a 4645 fr. de revenu annuel a mis de côté 16920 fr. en six ans. Quelle a été sa dépense journalière ?

911. — J'ai acheté 4000 plumes, dont la moitié à 14 fr. 50 le mille et le reste à 1 fr. 50 le cent. Si je revends chaque plume 0 fr. 02, combien gagnerai-je ?

912. — J'ai acheté pour 540 fr. 50 de savon à 0 fr. 92 le kilog. Je le revends 0 fr. 51 le demi-kilogr. Quel sera mon bénéfice ?

*913. — On a employé 94 fr. 85 à acheter du savon dont la moitié à 0 fr. 90 le kilog. et l'autre à 0 fr. 85. On le revend 0 fr. 95 le kilog. ; quel sera le bénéfice ?

914. — Un mercier a donné la note suivante :

<pre>
                   C ——————— , le 12 janvier 1873.
 3ᵐ 50 | Drap bleu à..................... 14ᶠ » |
 7ᵐ | Toile de fil....................   1 50 |
 0, 80 | Percaline grise.................   » 80 |
 8, 10 | Mérinos pour robe...............   3 75 |
 0, 45 | Drap noir pour gilet............ 18   » |
 0, 50 | Cotonnade croisée...............   1 80 |
 1, 20 | Mousseline.....................   1 10 |
         | Total............. |
         | Reçu à compte....... | 30   » |
         | Reste dû........... |
</pre>

915. — Note remise par un épicier :

<pre>
                   D ——————— , le 15 janvier 1873.
 7ᵏᵒ 5 | Sucre en pain à................ 1ᶠ 45 |
 1   8 | Café brûlé.....................   4 25 |
 3 | Sel Saint-Gilles...............   » 20 |
 2   3 | Riz...........................   » 75 |
 4   5 | Chandelle de Paris.............   1 50 |
 0   05 | Poivre moulu..................   3 » |
 1   4 | Raisins secs..................   1 25 |
 0   55 | Amandes......................   1 80 |
 0   95 | Bougies stéariques............   3 15 |
 1   04 | Huile d'olive.................   2 75 |
 0¹ 5 | Vinaigre d'Orléans............   1 20 |
         | Total............. |
</pre>

916. — Le mémoire d'un boucher porte ce qui suit :

<pre>
                   L ——————— , le 20 janvier 1873.
 1872
 Août 15 | 4ᵏᵒ 8   de bœuf à............. 1ᶠ 50 |
      » | 2, 5   de veau..............   1 40 |
     17 | 3, 6   de bœuf..............   1 50 |
      » | 1, 5   de mouton............   1 60 |
      » | »   »   tête de veau.........   1 85 |
     24 | 5, 3   de bœuf..............   1 55 |
      » | 3ᵏᵒ   de veau..............   1 45 |
      » | 1, 4   langue...............   1 45 |
     31 | 4, 2   de bœuf..............   1 55 |
      » | »   5   côtelettes de mouton..   1 80 |
      » | 3, 25 gigot de mouton ....   1 80 |
 Sept. 7 | 6, 4   de bœuf..............   1 55 |
      » | 2, 75 de veau..............   1 45 |
         | Total............. |
</pre>

917. — Faites une facture semblable aux précédentes pour un enfant qui vient, avec une pièce de 20 fr., chercher un pain de sucre de 4ᵏ 85 à 1 fr. 45 le kilog. ; 8ᵏ de sel à 0 fr. 22 ; un paquet de bougies à 1 fr. 60 ; 75 gr. de poivre à 3 fr. 25 le kilog. ; 0ᵏ 5 de café moulu à 3 fr. 90 le kilog. ; 3 hectog. de figues sèches à 0 fr. 80 le kilog.

QUESTIONNAIRE.

Notions préliminaires. — Numération.

Qu'appelle-t-on grandeur ou quantité ? 1. — Qu'est-ce que l'unité ? 2. — Quelles sont les unités principales ? 3. — A quoi sert le mètre ? — L'are ? — Le stère ? — Le litre ? — Le gramme ? — Le franc ? 3. — Qu'est-ce qu'un nombre ? — Citez des nombres ? 4. — Qu'est-ce qu'un nombre entier ? 5. — Une fraction ? — Citez des nombres entiers ? — Des fractions ? 5-6. — *Qu'est-ce que l'arithmétique? 7. — Qu'est-ce que le calcul? 8. — Expliquez la différence qui existe entre l'arithmétique et le calcul? 9.*

A quoi sert la numération ? 10. — Quels sont les neuf premiers nombres ? — Comment les nomme-t-on ? 11. — Quel nombre vient après 9 ? 12. — *Combien valent une dixaine, deux dixaines...., neuf dixaines ? 13. —* De quoi se composent les nombres depuis 10 jusqu'à 100 ? — Avec combien de chiffres les écrit-on ? — L'un pour....? — L'autre pour....? 14. — Quel nombre vient après 99 ? 15. — De quoi se composent les nombres depuis 100 jusqu'à 1000 ? — Combien emploie-t-on de chiffres pour les écrire ? — Que représente chacun de ces chiffres ? — Comment les place-t-on ? 18. A quoi servent les zéros dans les nombres 10, 100, 200, etc. ? 15-19. — Quel nombre vient après 999 ? 20. — Combien font 1000 fois 1000 ? — Mille millions ? — Mille billions ? — Qu'est-ce qu'un million ? — Un billion ? — Un milliard ? 21. — Comment lit-on un nombre entier ? 22. — Comment écrit-on en chiffres un nombre entier ? 23. — *De quoi se composent les différentes tranches ? — Enoncez les différents ordres d'unité? 23. — Dites le principe de la numération parlée? 24. — Dites le principe de la numération écrite ? 25. — Comment, avec 10 chiffres, peut-on présenter tous les nombres ? — Dans un nombre, que représente le 1er chiffre à droite ? — le 2e, le 3e, le 4e, le 5e, etc.? Que conclut-on de là? 26.*

Qu'appelle-t-on décimales ou fractions décimales? 27. — Comment s'appellent les parties 10 fois plus petites que l'unité ? — Les parties 1000 fois plus petites, etc. ? — Combien faut-il de *dixièmes* pour faire une unité ? — de *centièmes ?* — de *millièmes?* etc. 28. — *Expliquez la différence qui existe entre une dixaine et un dixième? — Entre un centième et une centaine? 29.* — Qu'appelle-t-on un nombre décimal ? 31-32. — Où se placent les dixièmes? — Les centièmes ? — Les millièmes, etc. ? 32. — Qu'appelle-t-on chiffres décimaux ? 33. — Comment rend-on un nombre entier 10 fois plus grand ? — 1000 fois plus grand ? 34. — Un nombre décimal 100 fois plus grand ? — 10000 fois plus grand? 35. — Un nombre entier 10 fois plus petit ? 100 fois plus petit ? 36. — Un nombre décimal 1000 fois plus petit? — 1000000 de fois plus petit ? 37. — Qu'arrive-t-il lorsqu'on écrit un ou plusieurs zéros à droite d'un nombre décimal ? 38.

Addition, soustraction, multiplication, division.

Quelles sont les opérations fondamentales de l'arithmétique? 39. — Qu'est-ce que l'addition? — Comment s'appelle le résultat de l'addition? 40. — Comment additionne-t-on plusieurs nombres? 41. — *Qu'appelle-t-on preuve d'une opération? 42.* — Comment se fait la preuve de l'addition? 43. — Comment se fait l'addition des nombres décimaux? 44. — Qu'est-ce qu'un problème? 45. — Comment reconnaît-on qu'il faut faire une addition pour résoudre un problème? 46.

Qu'est-ce que la soustraction? — Comment s'appelle le résultat d'une soustraction? 47. — Comment fait-on la soustraction? 48. — Que fait-on lorsqu'un chiffre du nombre inférieur est plus grand que celui qui est au-dessus? 49. — Comment fait-on la preuve de la soustraction? 50. — Comment fait-on la soustraction des nombres décimaux? 51. — Si l'un des nombres a moins de chiffres décimaux que l'autre, que fait-on? 52. — Comment reconnaît-on qu'il faut faire une soustraction pour résoudre un problème? 53.

Qu'est-ce que la multiplication? — Comment s'appelle le résultat d'une multiplication? 54. — Quel nom donne-t-on au multiplicande et au multiplicateur? 55. — Combien font 2 fois 2? — 2 fois 3? etc., 56. — *Combien de cas peut présenter la multiplication?* 56. — Comment fait-on la multiplication lorsque le multiplicateur n'a qu'un seul chiffre? 57. — Lorsque le multiplicateur a plusieurs chiffres? 58. — *Que fait-on lorsque, dans le multiplicateur, il se trouve des zéros entre les autres chiffres?* 59. — Qu'arrive-t-il lorsqu'on multiplie l'un des facteurs par 2, 3 ou 4? Lorsqu'on divise l'un des facteurs par 2, 3 ou 4 et qu'on divise l'autre par 2, 3 ou 4, etc.? — Qu'arrive-t-il lorsqu'on multiplie ou qu'on divise à la fois les deux facteurs par 2, 3 ou 4, etc.? 60. — *Que fait-on lorsque l'un des facteurs ou tous les deux sont terminés par des zéros?* 61. — Qu'est-ce faire que multiplier un nombre par 10, 100, 1000, etc.? — Comment fait-on dans ce cas? 62. — Comment fait-on la preuve de la multiplication? *Sur quel principe s'appuie cette preuve?* Note. 63. — *Comment fait-on la preuve par 9?* 64. — Comment se fait la multiplication des nombres décimaux? 65. — Si le produit avait moins de chiffres qu'il ne doit y avoir de décimales, que ferait-on? 66. — Quand fait-on une multiplication pour résoudre un problème? Quand on connaît le prix d'un mètre, comment trouve-t-on le prix de plusieurs mètres? 67.

Qu'est-ce que la division? — Comment s'appelle le résultat de la division? 68. — Dites une autre définition de la division? 69. — *Comment dit-on encore?* 70. — Comment divise-t-on un nombre par 2, 3, 4, etc.? 71. — Comment fait-on une division lorsque le diviseur a plusieurs chiffres? 72. — *Comment s'y prend-on pour trouver combien de fois un dividende partiel contient le diviseur?* 73. — *Comment reconnaît-on qu'un chiffre placé au quotient est trop fort?* —*Qu'il est trop faible?* 74. — *Qu'il est exact?* 75. — *Que faut-il faire lorsqu'un dividende partiel ne contient pas le diviseur?* 76. — *Peut-on savoir, sans faire la division, de combien de chiffres se composera le quotient?* Note. — Que fait-on lorsque la division donne un reste? 77. — Quand le dividende est plus petit que le diviseur? 78. — *Qu'arrive-t-il lorsqu'on multiplie le dividende?* 79. — *Lorsqu'on le divise?* 80. — *Lorsqu'on multiplie le diviseur?* 81. — *Lorsqu'on divise le diviseur?* 82 — *Lorsqu'on multiplie ou qu'on divise à la fois le dividende et le diviseur?* 83. — Que résulte-t-il de là? 84. — Qu'est-ce faire que diviser un nombre par 10, 100, 1000, etc.? — Que fait-on dans ce cas? 85. — Comment se fait la preuve de la division? 86. — Comment fait-on la division des nombres décimaux? 87. — *Ne savez-vous pas une autre règle qui s'applique à tous les cas?* 87 bis. — Quand fait-on une division pour résoudre un problème? — Quand on connaît le prix de plusieurs mètres, comment trouve-t-on le prix d'un seul? — *Quand on connaît un produit et l'un des facteurs, comment trouve-t-on l'autre?* 88.

Système métrique.

Qu'est-ce que le système métrique? 98. — Pourquoi l'appelle-t-on légal? 99. — Nommez les 6 unités principales? 100. — Quels mots emploie-t-on pour indiquer les mesures de 10 en 10 fois plus grandes? 102. — Les mesures de 10 en 10 fois plus petites? 103. — Qu'appelle-t-on multiples? 104. — Sous-multiples? 105. — Dans les nombres métriques, où se placent les myria, les kilos, etc. ? 106. — Comment lit-on un nombre représentant des unités métriques ? 108. — Comment l'écrit-on ? 110. — Comment fait-on l'addition et la soustraction des nombres métriques ? 111. — La multiplication et la division ? 112.

Qu'est-ce que le mètre ? 114. — Tracez une ligne d'un *mètre*, d'un *décimètre*, de 25 *centimètres* de longueur. — Nommez les multiples du mètre ? 115. — Les sous-multiples ? 116. — Les mesures itinéraires ? 117. — Les mesures effectives de longueur ? 118. — *Comment sont construits le double décam., le décam. et le demi-décam.?* 120. — *Le double mètre, le mètre, et le demi-mètre ?* 121. — *Le double décim. et le décim.?* 122. — Qu'est-ce que l'are ? 124. — *Comment l'are dérive-t-il du mètre ?* 125. — Qu'est-ce qu'un carré ? 126. — Nommez le multiple de l'are ? 127. — Le sous-multiple ? 128.

Dites *les multiples du mètre carré ?* 131. — *Les mesures topographiques ?* 132. — *Les sous-multiples du mètre carré ?* 133. — *Qu'est-ce que le mèt. carr. ? le décim. carré ? le centim. carré ? le millim. car. ?* 130-135. — *Faites voir qu'un mèt. car. vaut 100 décim, car. ?* 136. — Qu'est-ce que le stère ? 148. — *Comment dérive-t-il du mètre ?* 149. — *Qu'est-ce qu'un cube ? 150. — Un mètre cube ?* 151. — Nommez le multiple du stère ? 152. — Le sous-multiple ? 152. — Que mesure-t-on au stère entassé ? 155. — Quelles sont les mesures autorisées pour le bois cassé ? 156. — Que mesure-t-on au stère plein ? 157.

Nommez les sous-multiples du mètre cube ? 163. — *A quoi servent le mèt. cub. et ses sous-multip. ?* 164. — *Faites voir qu'un mètre cube vaut 1000 décim. cub.?* 166. — Qu'est-ce que le litre ? 178. — *Comment dérive-t-il du mètre ?* 179. — Nommez les multiples du litre ? 180. — Les sous-multiples ? 181. — Toutes les mesures effectives de contenance ? 182. — Les grandes mesures ? 184. — Les mesures en étain ? 185. — Les mesures pour le lait ? 186. — Pour l'huile ? 188. — Pour les grains ? 188.

Qu'est-ce que le gramme ? 190. — *Comment dérive-t-il du mètre ?* 191. — Nommez les multiples du gram. ? 192. — Les sous-multiples ? 193. — Qu'est-ce que le quintal métrique ? Le tonneau de mer ? 194. — Nommez les 3 sortes de balances ? 196. — Les poids effectifs ? 197. — Les poids en fer ? 198. — Les poids en cuivre ? 199. — Les petits poids ? 200. — Les gros poids ? 201. — Les poids moyens ? 202.

Qu'est-ce que le franc ? 206. — *Comment dérive-t-il du mètre ?* 207. — Le franc a-t-il des multiples ? 208. — Des sous-multiples ? 209. — Nommez les pièces d'or ? — D'argent ? — De bronze ? 210. — *De quoi se composent les pièces d'or et d'argent ?* 211. — *Les pièces de bronze ?* 212. — Comment trouve-t-on le poids d'une somme en argent ? 220. — *D'une somme en or ? 221-222-223. — D'une somme en bronze ?* 226. — *Combien une somme en bronze pèse-t-elle de fois de plus que la même somme en argent ?* 227.

FIN DE L'ARITHMÉTIQUE DES ENFANTS.

981-95. — CORBEIL. Imprimerie CRÉTÉ.

www.ingramcontent.com/pod-product-compliance
Lightning Source LLC
LaVergne TN
LVHW010906200726
843507LV00002B/508